U0384066

ASME PTC6S-1988
汽轮机常规性能试验规程

ASME PTC6S-1988
QILUNJI CHANGGUI XINGNENG SHIYAN GUICHENG

美国机械工程师协会 颁布

西安热工研究院有限公司 付 昶 王伟锋 吴 涛 译

施延洲 江 浩 审

中国电力出版社
CHINA ELECTRIC POWER PRESS

授 权 声 明

In response to your e-mail dated October 16, 2015, ASME hereby grants you permission to translate and reproduce up to 500 copies of the ASME PTC 6A—2000, PTC 6S Report—1988 (R2014) and PTC 19.1—2005, provided that you:

1. Pay ASME a royalty fee of $500.00 (a check payable to ASME should be sent to my attention).

2. Agree to include a statement in each document in both English and Chinese that the English version is the official version of the document, that permission to translate and reproduce was granted by ASME, and that ASME retains the copyright, and takes no responsibility for any syntax errors or conflicts in understanding that arise from the standards being referenced out of context.

3. You send a complimentary copy of the translated works to me when they are printed.

Sincerely,

Ivette Estevez

Ivette Estevez

Systems Administrator

(212) 591-8482

译 者 声 明

本译文采用美国机械工程协会（ASME）发行的 ASME PTC 6S—1988（REAFFIRMED 2014）官方原版，经 ASME 授权翻译并出版发行 500 本，ASME 持有版权。

如对本书翻译条款有任何异议，请以英文版相应条款为准。ASME 不对产生的任何误解或争执负责。

图书在版编目（CIP）数据

ASME PTC 6S—1988 汽轮机常规性能试验规程／美国机械工程师协会颁布；西安热工研究院有限公司译. —北京：中国电力出版社，2018.5
ISBN 978-7-5198-1591-2

Ⅰ. ①A… Ⅱ. ①美… ②西… Ⅲ. ①燃气轮机-性能试验 Ⅳ. ①TK477

中国版本图书馆 CIP 数据核字（2017）第 316832 号

中国电力出版社出版、发行
（北京市东城区北京站西街 19 号　100005　http://www.cepp.sgcc.com.cn）
北京盛通印刷股份有限公司印刷
各地新华书店经售
＊
2018 年 5 月第一版　2018 年 5 月北京第一次印刷
880 毫米×1230 毫米　16 开本　5.25 印张　176 千字
定价 120.00 元

版 权 专 有　侵 权 必 究

本书如有印装质量问题，我社发行部负责退换

译 者 前 言

美国机械工程师协会（ASME）颁布了涵盖热力发电领域主要设备的性能试验系列标准，其技术水平处于国际领先。随 20 世纪 80 年代我国引进 300MW、600MW 等级亚临界汽轮机技术而同步引进，其中 ASME PTC 6 系列标准已经作为国内汽轮机性能试验主要标准。本 ASME PTC 6S 是 PTC6 系列标准之一。

本规程的主要目的是提供相对简化的试验程序，用于分析和监测汽轮机在全寿命期内的性能变化趋势，而不是得到绝对准确的性能数据，避免对汽轮机进行全面性的验收试验，以节省试验仪表、人员费用等。由于试验的常规性，本规程强调结果的重复性而不是绝对准确性，因此提供了更经济的监测性能变化趋势的手段。

汽轮机运行中出现异常情况，机组大、小修前后，局部改造或性能优化，对机组经济性的影响若需要评价或诊断，均可以采用本规程推荐的试验程序，或遵照本规程执行相对简单的局部定量测试。相比验收试验，本规程提供的方法，不需要进行全面性的测试，因此成本相对较低，但并不是说不需要良好精度的仪表，对热耗率或缸效率敏感的关键仪表本报告仍然推荐采用高精度和重复性好的测试仪表。

若要对机组进行大的改造的全面评价，还是推荐采用 ASME PTC 6—2004 进行试验。依据本规程得到试验结果反映汽轮机性能变化趋势，而不是绝对水平数据。

本规程译者均有多年从事汽轮机性能试验经验，针对不同目的，对选择不同级别、类型试验有独到的见解。因此，慎重推荐并精心翻译出版本规程，希望推动国内汽轮机性能试验行业发展，并为从事本专业技术人员提供更多技术手段和选项。

美国机械工程师协会（ASME）于 1989 年颁布了 ASME PTC 6S—1988 标准，2014 年对本规程进行重新确认。经西安热工研究院有限公司与 ASME 委员会联系，获得了在中国国内翻译并出版 500 本中文版的书面授权。该中译本根据 ASME PTC 6S—1988（2014 年重新确认版）官方发布英文版进行翻译。由西安热工研究院有限公司付昶研究员、王伟锋、吴涛高工合作翻译，施延洲、江浩研究员进行精心审阅。译审者均为多年从事热力发电厂性能试验的科技工作者，并且有采用本报告及相关标准进行多个机组性能试验的成功经验，与国外同行有过多次交流与合作。但由于译审者水平有限，中译本难免出现翻译、校对或其他错误，如果读者在使用过程中发现问题或错误，请以英文版相应的条款为准，或与译者联系。对西安热工研究院有限公司各位同仁在审阅和出版中译本中所做的工作表示衷心的感谢。

任何复制该中译本的行为均违反中华人民共和国著作权法及侵犯美国机械工程协会的版权。

译　者

2018 年 5 月

出版日期：1989 年 12 月 15 日

当本协会计划于 1992 年发行下一版本时，将对该文件进行修订。将不再发布 PTC 6S—1988 报告的附录。

请注意：ASME 会对本文档技术方面的解释问题作出书面答复。PTC 6S—1988 报告正在发布，会自动地做出解释和修订，直至 1992 年版将其发布。

ASME 是美国机械工程师协会的注册商标

本规程或标准按照美国国家标准的标准化工作程序开发和编写。批准本规程或标准的审查委员会由代表不同利益的人员组成，以平衡不同的利益诉求。定稿前曾向公众提供了本规程或标准的征求意见稿，以得到来自工业、研究机构、标准化机构及公众的反馈意见。

ASME 不"批准"、"评估"或"保证"任何项目、工程、专用设备或动议。

ASME 不对与本标准条款有关的任何专利的有效性发表见解，并且不对采用某一标准的任何人保证其不承担专利侵权的责任，也不假定存在的责任。敬告规程或标准的用户，确定任一专利权的有效性和是否发生侵权完全是用户本身的责任。

有联邦政府机构的代表或工业界人士的参与，并不能被理解为政府或工业界对本规程或标准承担任何保证责任。

ASME 仅承担依据 ASME 工作程序与政策来解释本标准的责任，但不对由任何个人发表的解释负责。

未经书面许可，不得以任何形式，包括电子检索系统或其他形式，复制本标准的内容。

版权 1989
美国机械师工程协会
版权所有
美国印刷

前　言

（本前言不是 ASME PTC6S—1988 的一部分）

　　大型和小型汽轮机的用户都有对"常规汽轮机试验规程"日益增长的需求，因为他们都有了解"随时间变化的性能趋势"的需求。为达到目的使用全面性试验规程和全套仪器进行试验费用昂贵，所得到的试验结果超出定期监测所需的信息和精度等级要求。当 ASME 性能试验标准第六委员会重组修改 PTC 6—1949 时，它还负责开发了用于定期试验的简化程序。由于试验的常规性，这些规程强调结果的重复性而不是绝对准确性，因此提供了更经济的监测性能变化趋势的手段。

　　本规程反映了知识渊博的工程师们的共识，并包含了收集足够准确数据以便分析性能变化趋势的建议程序。推荐了程序包括：预先筹划试验，系统隔离和建议的结果介绍。重点介绍了使用准确的仪表，达到规程要求测量不确定度，作为热耗率计算公式中关键影响参数的测量。指定其他仪器以产生良好精度和高可重复性的结果。本规程中提出的程序，将自动数据采集和在线计算机系统应用于工厂循环，这一点，应满足大型和小型汽轮机用户的安全需求。

　　本规程中推荐的程序不是为了得到绝对水平的性能数据。如果需要得到绝对水平的性能数据，则应按照 1985 年重新确认的 ASME "汽轮机性能试验规程"（PTC 6，1976），或者遵循"汽轮机性能简化试验规程"（PTC 6.1，1984）来进行试验。不同的试验规程要求的仪表规定差异很大，对于其他精度级别要求的试验，应查询 PTC 第六委员会 1985 年出版报告"汽轮机性能试验中的测量不确定度评价导则"。

　　使用本规程的用户有义务向委员会提供反馈，这些信息来源于在使用本规程过程中获得的支持数据。此类涵盖长期和/或广泛经验的反馈和可重复性数据将为本规程的后续修订提供帮助。用户建议和数据应提交给秘书，ASME 性能试验委员会地址 345 East 47th street, New York 10017。

　　本规程由 ASME 的性能试验规程委员会批准，并于 1988 年 5 月 8 日作为协会的标准实践采用，并于 1988 年 9 月 8 日被美国国家标准局 ANSI 批准为美国国家标准。

所有 ASME 规程均受版权保护，本委员会保留对其所有权利。非法拷贝复制本规程或任何其他 ASME 规程都是违反联邦法律的行为。除非另有说明，用户应当理解，出版以 ASME 文件为代表的高质量规程需要本委员会做出实质性承诺。成千上万的志愿者努力开发这些规程。他们自己或在赞助商的帮助下，编制符合 ASME 共识标准要求的文件。这些标准是对工业和商业非常有价值的文献，并且改进这些"活文件"和开发额外需要的标准的努力必须继续。用于研究和进一步的标准开发，行政人员支持和出版的资金是必不可少的，并且 ASME 需大量消耗资金。这些文件的出售款有助于抵消这些费用。用户非法复制破坏了该系统，并且造成了 ASME 额外的资金流失。当需要额外的副本时，您需要打电话或写信到 ASME 订单部门 22 Law Drive，Box 2300，Fairfield，New Jersey 07007—2300，ASME 将通过回邮件加快递送此类副本给您。请指示您的员工购买所需的试验规程，而不是复制它们。对您的合作我们非常感谢！

ASME 汽轮机性能试验规程第 6 委员会委员

（以下为本规程批准之时的编写委员会名单）

职　务

W. A. Campbell,	主席
E. J. Brailey,	副主席
J. H. Karian,	秘书

编写委员会委员

J. M. Baltrus, Sargent & Lundy,	工程师
J. A. Booth,	通用电气
P. C. Albert, Alternate to Booth,	通用电气
B. Bornstein,	顾问
E. J. Brailey, Jr.,	新英格兰电力服务公司
T. M. Brown,	安大略水电
W. A. Campbell,	费城电气公司
K. C. Cotton,	顾问
J. S. Davis, Jr.,	杜克电力公司
R. D. Smith, Alternat,	杜克电力公司 Power Co.
N. R. Deming,	咨询工程师
P. A. DiNenno, lr.,	顾问
A. V. Fajardo, Jr., Utility,	电力公司
C. Cartner, Alternate to Fajardo, Utility,	电力公司
J. H. Karian,	美国机械工程师协会
D. L. Knighton, Black & Veatch,	工程-建筑师
C. H. Kostors, Elliott,	公司
J. 5. Larnberson,	Dresser Rand
T. H. McCloskey,	电力研究院
S. S. Sandhu,	西屋电气公司
C. B. Scharp,	咨询工程师
P. Scherba,	公共服务电气公司
J. A. McAdarns, Alternate to Scherba,	公共服务电气公司
E. 1. Sundstrorn,	陶氏化学美国

除上述人员外，委员会特别感谢科罗拉多河管理局 E. Pitchford 女士和公共服务电气公司的 H. S. Arnold，他们对本标准早期工作付出了辛勤的努力。

目　次

插 图 索 引

表 格 索 引

0 概述

0.1 目的

本报告提供了执行汽轮机性能试验的程序，用于分析和监督汽轮机在全寿命期内的相对性能。应用本试验程序，将确定汽轮机运行效率的变化趋势、发现运行中的问题、提供试验数据以评估汽轮机循环效率的变化。本试验程序的目的是尽可能减少试验仪表和人员。然而，为了得到可靠的试验结果，在一些关键测点上推荐使用精密级试验仪表。寻求高度重复性的试验结果，而不是验收试验准确度水平的试验结果。

0.2 内容

本报告推荐的试验程序包括：试验仪表、试验计划、试验执行、试验结果计算、试验结果分析。对特定的汽轮机型式，建议单独编写试验程序。

0.3 试验程序的目的

一个常规的汽轮机试验程序包括：

（a）根据汽轮机性能提供计划停机检修的指导；

（b）根据机组目前的相对性能，提供汽轮发电机组升负荷次序的指导；

（c）评估汽轮机或汽轮机循环的主要改造效果，以及操作过程的变化情况；

（d）发现汽轮机或汽轮机循环的局部性能变化；

（e）通过比较运行仪表和试验仪表，检查运行仪表的精度；

（f）培训试验人员测试技术。

0.4 参考

ASME PTC 6—1976《汽轮机性能试验规程》，以及 ASME PTC 6.1—1984《汽轮机性能试验简化规程》，是本报告的基本参考资料。本报告中使用的"规程"就是指这两本规程。ASME PTC 2—1980《定义和量（值）》和 ASME PTC 19 系列中就仪器和仪表的应用增补，提供了补充信息。ASME 性能试验规程第 6 委员会单独出版一份报告《汽轮机性能试验不确定度评估导则》，宜用于评估按照本报告试验程序所推荐的仪表的试验准确度水平。在本报告中引用了 ASME PTC19.1《测量不确定度》，按照公认的惯例全部使用 95%置信度水平。ASME PTC 6 的附录 A，即 ASME PTC 6A—1982 和本报告的第 7～13 章提供了多种型式汽轮机的算例，这些算例在使用本报告过程中证明是有用的。

1 目的范围和意义

1.1 目的

本报告的试验程序用于汽轮机定期试验，而不是用于汽轮机验收试验。验收试验的程序是采用精确的试验仪表以获得最小试验不确定度的性能指标。

1.2 范围

本报告的第 3～5 章给出了对试验仪表和试验计划的一般性建议。这些建议是基于当前定期测定汽轮机性能试验的实际情况提出的。第 6 章讨论和解释试验结果，并通过绘制试验数据的典型图以分析汽轮机性能。第 7～12 章给出了几种特定型式汽轮机循环的试验程序。对每种特定型式汽轮机循环的试验程序，均包含了特别推荐的试验仪表和试验方法。当然，本报告不能包含所有可能的汽轮机循环型式，仅提供了一些典型型式的例子。这些循环型式的组合可涵盖更多循环型式。对每种推荐的试验程序，根据当前行业经验可估计得到重复性的期望值。这种重复性结果与按时间前后顺序排列的性能趋势进行比较，才能作为判断汽轮机运行性能的重要指标（见 3.8.3 重复性的讨论）。

1.3 目的

本报告提供定期监测汽轮机循环整体性能变化的试验程序。试验程序中可能包含了辅助试验仪表和数据用于诊断性能变化的原因。这些辅助信息可帮助评价循环中设备性能变化对整个循环性能的影响。某些使用者也许更喜欢简化的推荐试验程序，当需要详细分析时，再进行第二次试验。本试验程序定义了分析汽轮机运行性能所需的主要的和辅助的数据。

仅作为参考目的，第 13 章提供了一些其他的试验程序，用于确定汽轮机性能变化趋势。然而，这部分试验程序并未提供分析汽轮机循环中所有设备的完整数据。在特殊情况下，因为低成本和简化试验的优点，这些试验程序可能已提供了足够的信息。

对于计算机在线监测汽轮机性能，本报告给出的简化试验程序可用于选择基本测试仪表和编写计算程序。所选择的仪表能实现试验结果的可重复性，并与连续监测汽轮机性能趋势的目的相一致。

机组振动、油品清洁度、转子裂纹监测、固体颗粒侵蚀和膨胀监测系统，轴承金属温度、轴承磨损、汽轮机负荷、转速等诊断监测系统，并不是汽轮机性能的指标。使用数据分析技术对上述诊断监测系统中的数据进行分析应用，将能早期发现潜在的问题。

2 术语定义和说明

2.1 符号

除非文中另有定义，本规程使用表 2.1 所示符号。

表 2.1　　　　　符　　　号

符号	描　述	单　位	
		美国惯用	SI
A	面积	in^2	m^2
f	力	lbf	N

续表

符号	描　述	单　位	
		美国惯用	SI
g	当地重力加速度	ft/sec²	m/s²
g_0	标准重力加速度=32.174 05ft/sec²（9.806 65m/s²）该值是国际公认的，北纬45º海平面上的平均值	ft/sec²	m/s²
h	比焓	Btu/lbm	kJ/kg
j	机械等效热（1Btu=778.17ft lbf=1/3412.14kWh）	Btu	J
M	水分=100−x	%	%
m	质量	lbm	kg
N	转速	rpm	r/s
P	功率	kW 或 hp	kW
p	压力	psia	Pa-a
s	熵	Btu/lbmºR	kJ/kg·K
t	温度	℉	℃
T	温度	ºR	K
V	速度	ft/sec	m/s
v	比容	ft³/lbm	m³/kg
w	流量	lbm/h	kg/h
x	蒸汽品质，干度	%	%
η	效率	%	%
ρ	密度	lbm/ft³	kg/m³
γ	比重	lbf/ft³	N/m³

2.2　缩写

本规程缩写见表 2.2。

表 2.2　　　　　缩　写

符号	术　语	单　位	
		美国惯用	SI
HR	热耗率	Btu/kWhr Btu/hp-hr	kJ/kWh
SR	汽耗率	lbm/kWhr lbm/hp-hr	kg/kWh

2.3　下标

本规程下标见表 2.3。

表 2.3　　　　　　下　标

	下标描述
g	发电机
r	额定工况
c	修正后的
s	如果不是额定工况，指规定运行工况
t	试验运行工况
1	紧靠汽轮机主蒸汽阀和滤网前测量的参数
2	对过热蒸汽汽轮机，指至第一级再热器的汽轮机出口连接处的参数。对湿蒸汽汽轮机，指至外置式汽水分离器的汽轮机出口连接处的参数
3	对过热蒸汽汽轮机，指第一级再热器下游，紧靠再热主蒸汽阀、中压调节门或截断阀（三者中的第一个阀）前的参数（若汽轮机合同中包括这些阀*）。对湿蒸汽汽轮机，指外置式汽水分离器出口的参数
4	对过热蒸汽汽轮机，指至第二级再热器的汽轮机出口连接处的参数。对湿蒸汽汽轮机，指再热器下游，紧靠再热主蒸汽阀、中压调节门或截断阀（三者中的第一个阀）前的参数（若汽轮机合同中包括这些阀*）
5	对过热蒸汽并且有二级再热的汽轮机，指第二级再热器下游，紧靠再热主蒸汽阀、中压调节门或截断阀（三者中的第一个阀）前的参数（若汽轮机合同中包括这些阀*）
6	汽轮机排汽口参数
7	凝汽器凝结水出口参数
8	凝结水泵凝结水出口参数
9	给水泵或给水泵前置泵给水入口参数
10	给水泵给水出口参数
11	末级给水加热器给水出口参数
al	过热器减温水
a2	第一级再热器减温水
a3	第二级再热器减温水
c1	凝汽器循环水泄漏
E	抽汽
e	加入凝结水系统的补充水
PL	汽封漏汽（轴封或阀杆）
i, ii⋯n	序号

上述使用的数字下标表示在图 2.1（a）～图 2.1（c）温熵图中

* 如果在汽轮机合同中不包括再热主蒸汽阀或低压主蒸汽阀、调节阀、截止阀与汽轮机汽缸间的连接管，则有必要对连接管的压损进行修正。

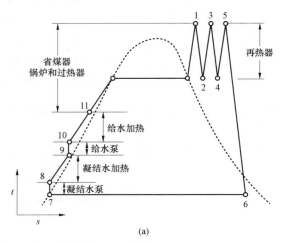

图 2.1　温熵图（一）

（a）主要在过热蒸汽区工作的汽轮机

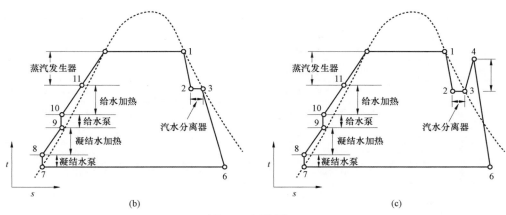

图 2.1 温熵图 (二)

(b) 没有再热的温度—熵图; (c) 有再热的温度—熵图

注: 图 (b) 和图 (c) 主要在湿气区工作的汽轮机。

2.4 名词定义

本规程名词定义见表 2.4。

表 2.4
名 词 定 义

术语	定 义	单 位	
		美国惯用	SI
热耗率	每小时单位出力的热耗量。机组的性能可在以下基础上定义: 供给汽轮机的总热量/发电机端输出功率, 其中, 供给汽轮机的总热量定义为: 供给汽轮机的总热量是主蒸汽的总焓 [a] 加上可计入再热器的总焓 [a], 扣除给水从系统中带入蒸汽发生器的总焓 [a]。发电机输出功率为发电机出口端测试的毛功率, 减去机组可靠连续运行必需的、作为机组的一部分供给的、最小的电动辅机耗功和励磁设备耗功	lbm/kWhr lbm/hphr	kJ/kWh
阀回路曲线	机组运行范围内, 所有出力的实际热耗率的连续曲线		
阀点	相应于阀回路曲线低点处的阀门位置		
阀回路平均曲线	给出与阀回路特性曲线相同的出力加权平均性能的光滑曲线		
焓降	汽轮机入口处和出口处的蒸汽焓差。这个焓差一般对应单缸, 如高压缸或中压缸	Btu/lbm	kJ/kg
功率	汽轮机或汽轮发电机组每单位时间所提供的有用能	hp 或 kW	kW

[a] 总焓: 焓值 Btu/lbm (kJ/kg) 与流量 lbm/hr (kg/h) 的乘积。Btu/hr (kJ/h)

2.5 单位换算表

单位换算表见表 2.5。

表 2.5
单 位 换 算 表

参 量	转换为 SI 单位制	乘 法 系 数
热耗率	Btu/kW hr 转换为 kJ/kWh	1.055 06
汽耗率	lbm/kW hr 转换为 kg/kWh	$4.535\ 924 \times 10^{-1}$
质量流量	lbm/hr 转换为 kg/s	$4.535\ 924 \times 10^{-1}$
压力	$lbf/in.^2$ 转换为 bar in.Hg 转换为 mmHg 0℃时的绝对 in.Hg 转换为 kPa $lbf/in.^2$ 转换为 kPa (1bar = 10^5Pa = 760.06 mmHg)	$6.894\ 757 \times 10^{-2}$ $2.54^* \times 10^{+1}$ $3.386\ 386 \times 10^{0}$ $6.894\ 757 \times 10^{0}$
温度	℉ 转换为 ℃ ℉ 转换为 K	$T_c = (t_f - 32)/1.8$ $T_K = (t_f + 459.67)/1.8$

续表

参 量	转换为 SI 单位制	乘 法 系 数
密度	lbm/ft³ 转换为 kg/m³	$1.601\ 846 \times 10^1$
比焓	Btu/lbm 转换为 kJ/kg	$2.326\ 0 \times 10^0$
比熵	Btu/lbm°R 转换为 kJ/kg·K	$4.186\ 8^* \times 10^0$
比热	Btu/lbm°R 转换为 kJ/kg·K	$4.186\ 8^* \times 10^0$
长度	ft 转换为 m	$3.048^* \times 10^{-1}$
面积	ft² 转换为 m²	$9.290\ 304^* \times 10^{-2}$
体积	ft³ 转换为 m³	$2.831\ 685^* \times 10^{-2}$
速度	ft/sec 转换为 m/s	$3.048^* \times 10^{-1}$

注：*根据基本单位的精确转换关系

3 指导性原则

3.1 前期试验计划

3.1.1 总则

在汽轮机安装之前，宜制订汽轮机及其热力循环试验仪表安装计划。该计划宜包含试验测点的物理位置、安装和试验仪表数量的适当规定，以满足试验结果重复性的要求。为节省费用，该计划宜与最初的汽轮机循环设计一并考虑。需要考虑的项目包括：

（a）试验目的。

（b）经校验的主流量测量管段位置和安装。

（c）精确测量输出功率的规定。

（d）主要压力和温度测量及测试连接方式的安装和位置。

（e）确保关键测点正确测量的多重测量仪表连接方式的安装和位置。

（f）为了避免试验的复杂性或引入误差，对泄漏流量的处理方法，如带节流孔板的连续疏水流量、旁路流量、连续排污量等。

（g）选择具有一致性试验结果所需的重复性的试验仪器。

（h）阀门的数量和位置或选择其他方式（见3.2.7），以确保试验期间热力循环的正确隔离。

（i）仪表位置处于环境相对稳定的区域，以减少校准漂移。

（j）采用自动数据采集装置。

（k）尽量将试验仪表位置分组布置，便于校准和使用，以减少仪表观察人员。

3.2 系统隔离

3.2.1 系统隔离

试验期间，为确保热耗率和能力工况试验的重复性，对汽轮机循环进行正确隔离是必要的。进行焓降效率试验一般不要求进行隔离系统。然而，影响汽轮机缸体压比的热力循环参数，在试验期间宜保持一致。正确的系统隔离包括了外部和内部的隔离。

3.2.2 外部隔离

外部流量隔离关注进入或离开汽轮机循环的流量。一般情况下，这些流量宜从系统中隔离开来，以减少测量误差。如果隔离这些流量存在问题，应作出规定来测量这些流量。

3.2.3 内部隔离

内部隔离关注的不是进出汽轮机循环的流量，而是可能绕过其预定目的地的流量。例如：蒸汽管道疏水至凝汽器流量或给水加热器旁路流量。内部流量隔离不能通过3.2.8中的盘存总和法来验证。

3.2.4 应隔离的流量

下面所列的设备和外部流量应从汽轮机主给水循环流量中隔离，他们是：

（a）大容量储水箱。

（b）蒸发器及其相关设备，如蒸发凝汽器和蒸发预热器。

（c）启动旁路系统和辅助蒸汽管道。

（d）主凝结水流量测量装置的旁路管道。

（e）汽轮机喷水。

（f）主蒸汽阀、截止阀和调节阀的疏水管道。

（g）与其他机组的联通管。

（h）去空气预热器的加热蒸汽（如不能隔离，应测量）。

（i）除盐设备（隔离除盐设备并不一定需从系统中切除，而是应隔离该设备与其他机组的连接，如影响主流量测量的再循环管道等，否则应测量其流量）。

（j）蒸汽发生器上水管道。

（k）蒸汽发生器排气。

（l）蒸汽吹灰器。

（m）加热器的凝结水或给水旁路。

（n）加热器疏水旁路。

（o）加热器壳体放水。

（p）加热器水室排气。

（q）启动抽气器。

（r）凝汽器水室启动抽气器。

（s）电站采暖汽或水管道。

（t）清洗汽轮机而安装的蒸汽管或水管。

3.2.5 应隔离或测量的流量

对那些进出系统或旁路系统设备与试验系统无关的流量，如果忽视，将导致流经汽轮机流量测量误差，因此，应隔离或予以测量，这些典型流量如下：

（a）锅炉炉门和排渣口冷却盘管冷却水流量。

（b）下列设备的密封和轴封冷却流量（包括供和回两路）：

    （1）凝结水泵。

    （2）给水泵。

    （3）锅炉循环水泵或反应堆循环水泵。

    （4）非自密封的加热器疏水泵。

    （5）给水泵汽轮机。

    （6）反应堆控制棒密封。

（c）减温水流量。

（d）给水泵最小流量和均压箱流量。

（e）燃料雾化和加热用汽。

（f）蒸汽发生器排污。

（g）汽轮机水封流量。

（h）汽轮机冷却蒸汽减温水。

（i）紧急排污阀或汽轮机密封泄漏流量和密封系统。

（j）汽轮机水封溢流。

（k）汽封漏汽以外至汽封调节阀的蒸汽。

（l）补充水（如果需要）。

（m）除氧器低压运行时的再沸腾管蒸汽（如在低负荷时用高一级抽汽供汽时）。

（n）如果可能，加热器壳体空气管应关闭，如不允许，则应关至最小。

（o）除氧器溢流管。

（p）除氧器排氧门。

（q）漏至水封法兰的水，如水封真空破坏门。

（r）离开系统的泵密封泄漏量。

（s）工业用自动抽汽。

（t）湿蒸汽汽轮机汽缸和连通管连续疏水。

（u）用于汽水分离器的过冷水。

（v）反应堆堆芯喷水。

（w）不用的加热器蒸汽管。

3.2.6 不可测量的流量

对有些不可能测量的流量有必要使用计算值，如泵的内部泄漏、轴封、阀杆、汽轮机内部泄漏、汽轮机疏水流量等。

3.2.7 系统隔离方法

建议用下列方法将辅助设备和与试验系统无关的流量从主给水循环中隔离，或检验隔离效果。

（a）使用双重阀门和指示器。

（b）用盲板法兰。

（c）在两个法兰之间加盲板。

（d）拆除管接头，用目视检查。

（e）肉眼检查排大气的情况，如蒸汽从安全门和阀杆排空。

（f）关闭已知的不泄漏的阀门，并在试验前和试验期间不再操作。

（g）温度指示。

（h）使用示踪剂指示泄漏量。

3.2.8 系统流量平衡

对一个可接受的试验准确度，测量的总储水容器水位变化的当量流量和进出系统总流量之间的差异不宜超过最大主蒸汽流量的±0.5%。然而，即使系统不明泄漏率超过最大主蒸汽流量的0.5%，如果基于时序系列试验得到一致性的不明泄漏水平，也可得到重复性好的结果。由于系统不明泄漏量直接影响试验结果，任何超过最大主蒸汽流量0.1%的不明泄漏量都宜进行调查。如果查明原因，宜对这个影响因素进行补偿，并在试验结果中进行修正。如果原因未能查明，则试验结果与以前的趋势进行比较时，系统不明泄漏率变化将直接影响试验结果的重复性。

3.3 预备性试验

基于以下原因，可能进行预备性试验：

（a）确定汽轮机阀点位置。

（b）汽轮机系统隔离，做系统水平衡试验。系统不明泄漏量将直接影响试验结果的准确度，确定系统不明泄漏量的大小。任何系统不明泄漏量的重大变化应在正式试验前被调查，以便将试验结果与之前的试验结果进行比较。

（c）检查内部循环系统条件。如果发生设备运行情况变化引起汽轮机级流量或级压力变化，应采取纠正措施。以下列出了宜考虑的部分条目：

    （1）给水加热器性能变化。

    （2）给水加热器旁路运行。

    （3）给水加热器水位控制阀阀位变化，指示加热器存在泄漏。

    （4）用于控制蒸汽温度的减温水量变化。

    （5）补水蒸发器投入运行。

    （6）建筑物采暖或暖风器的热负荷变化。

    （7）供给汽动给水泵或风机的蒸汽。

    （8）给水泵再循环泄漏。

（d）检查试验仪表工作状态，试验人员熟悉试验程序，能正确测试。在试验条件下，检查读数的顺序和同步读数的协调性。

（e）比较试验仪表读数和运行表计读数，对其差异宜进行调查并修正。

（f）对汽轮机状况进行初步评价，确定诊断结果是否符合工程原理的已知规律。

3.4　试验执行

3.4.1　试验前条件

仪表校验应在试验前完成。所有仪表应投入工作，通过与之前试验数据的比较，或通过与运行仪表的相互检查，对仪表状态进行检查。即便需要降低主蒸汽压力，汽轮机试验最好宜在调节阀全开情况下进行。如果调节阀全开试验不能实现，则宜采用与早期试验系列相同的技术设定先前选择的阀门开度。这种设定阀门位置的方法可能需要将汽轮机置于负荷限定控制方式，以便获得稳定的试验运行状态。在此期间，紧随汽轮机阀位设定后，可以执行系统隔离程序并建立最终的试验条件。尽可能使试验条件与规定的状态相一致，以确保尽量减少对热耗率的修正量。

3.4.2　试验读数

试验读数宜根据既定的试验程序来进行。在试验进行过程中，应检查读数的一致性。试验测量持续时间宜足够长，以获得准确的平均数据和准确完整的主要测量值。对两个小时试验测量，推荐的读数记录频率不应少于下面的要求：

（a）每 2 分钟记录一次：主流量，基于指示表的输出功率，机械功率输出的汽轮机转速。

（b）每 10 分钟记录一次：影响主蒸汽流量计算的辅助流量，主要压力、主要温度。

（c）每 20 分钟记录一次：不影响主蒸汽流量计算的辅助流量。

（d）每 20 分钟记录一次：不影响发电机输出功率计算的辅助电量测量数据、辅助压力、辅助温度。

（e）每 30 分钟记录一次：累计流量，累计电功率测量，储水容器水位变化。

3.5　数据整理

应检查试验记录读数的一致性和可靠性。如果不一致的读数没有得到相关数据的趋势所证实，这些数据可被剔除，但至少保留全部读数的 90% 用于计算平均值，ASME PTC 19.1—1985 中提供了可用于检查试验数据的程序。

假设试验被同时记录的所有累积仪表分成特定的几个时间段，如果在初始时间段或最后时间段期间主要参数出现异常的不稳定，则这些时间段的数据可被舍弃。自动记录和处理数据非常有用，如果能够提供，宜编制处理程序以符合所推荐的要求。如适用，推荐采用以下数据整理步骤：

（a）对所有试验读数进行平均，获取累积流量表计差值和发电机输出功率差值；

（b）应用水柱高差和表计校准结果修正压力平均值数据，将压力平均值转换为绝对压力值；

（c）将热电偶输出转换为温度单位输出，并应用热电偶校准结果进行修正；

（d）应用表计的校准结果和工作流体的密度修正累积流量；

（e）将储水容器水位变化转换成当量流量；

（f）将测量的发电机输出功率修正到额定功率因数和氢压下；

（g）计算主要流量和辅助流量；

（h）计算蒸汽和水的焓值。

3.6　试验结果计算

试验结果计算步骤应遵照规程和规程的附录A。对特定型式的汽轮机的计算方法，在本报告的最后一章也有说明。包含所有重要参数修正计算的第二类修正曲线，宜由用户与制造商合作来提供。

3.7　参考水蒸气表

水和水蒸气性质表推荐使用 1967 版 ASME 蒸汽动力学和转换特性表。其他公式可能略有差异。比较试验结果时应注意，确保在每个实例中采用相同的水蒸气性质公式。当采用计算机来计算时，应按照工业用 1967 年 IFC 公式进行计算机编程，这些公式包含在 1967 版 ASME 水蒸气表的附录中。

3.8　试验结果的重复性

3.8.1　总则

试验重复性是指测试仪器系统在长期的使用时间内产生相同输入/输出测试结果的能力。在周期性试验中，良好的长期重复性是至关重要的，以确保试验结果所指示的性能变化是所测试设备性能恶化的真正反映。虽然本报告并没有强调仪表绝对准确性，从总体上和长期来看，准确度高的仪表认为比准确度低的仪表具有更好的重复性。因此，所选仪器的最佳组合应权衡所需的测试重复性水平与仪器的购买及运行测试成本。有关第四章中的替代仪表选用指导，推荐查询 ASME 第 6 委员会出版的报告 ASME PTC 6 Report—1985《汽轮机性能试验测量不确定评价导则》。

3.8.2　仪器仪表

选择第 7～13 章中推荐的特定仪表，以便在长时间内提供一致的重复性。宜对长期的试验结果进行分析，以确定特定测试装置所达到的重复性水平。ASME PTC19.1《试验不确定度》可用做这一分析的程序。当发现不能合理解释的偏差或趋势时，有必要重新校准测量仪表或采用更高准确度的仪表，以提高试验的重复性。

3.8.3　重复性估算

各种仪表的不确定度区间在 ASME PTC 6 Report有明确的规定，不确定度区间通常表示为一个数值，其值包括随机和系统不确定分量。对大部分仪表来说,随机误差和系统误差对仪表不确定度的相对贡献是未知的。

在没有足够的随机和系统不确定分量相对重要性知识的情况下,宜谨慎使用统计技术,如使用多重仪表以减少仪表误差,或增加采样点位置数量以降低采样误差。

一些因素将影响试验结果的不确定度,但对重复性没有影响。系统误差分量是已知且可溯源的,可以通过校准消除,可以减小仪器总不确定度,但它对重复性没有影响。长期的系统误差会变化,因此长期的重复性不可追溯。

根据汽轮机行业经验,委员会将重复性估计值定为仪器总不确定度的一半。因此,第7~13章以及3.8.4的汇总表给出的试验重复性值,是通过计算试验不确定度的一半来确定的。

3.8.4 试验结果的重复性算例

下表给出了各章中试验重复性推荐值。

章节	汽轮机类型	试验目的	重复性
7	进口为过热蒸汽的无抽汽凝汽式汽轮机	汽耗率	±0.5%
8	进口为过热蒸汽的回热凝汽式汽轮机	最大能力	±0.5%
		热耗率	±0.5%
9	进口为过热蒸汽的再热回热凝汽式汽轮机	焓降试验	±0.3%~±0.5%
		最大能力	±0.3%
		热耗率	±0.6%~±0.9%
10	进口为饱和蒸汽的回热凝汽式汽轮机	热耗率	±0.7%
11	过热排汽参数的无抽汽背压式汽轮机	焓降试验	±0.5%
		最大能力	±0.3%
12	抽汽背压式汽轮机	焓降试验	±0.6%~±0.7%
		最大能力	±0.5%
		无抽汽汽耗率	±1.8%
		有抽汽汽耗率	±2.4%
13	特殊方法热力循环	热耗率	±0.7%

4 仪器和测量方法

4.1 总则

本章推荐能实现可重复的一致性试验结果所要求的仪表和测试方法。在第7~13章中,对特殊类型的汽轮机试验所需的主要和辅助仪表给出了具体的建议。

主要仪器是检测主要测量参数的那些仪表,辅助仪表是指那些介于主要仪表和指示或记录装置之间的仪表。

对常规的性能试验,主要和辅助仪表都经过校验,计算机数据采集系统能提供精确的、可重复和高速度的数据采集记录。变送器将一次信号转换为电信号,数据采集系统将模拟量输入转换为数字量输出。常规性能试验推荐采用这种数据采集系统。

然而,并不是所有汽轮机都安装了这种数据采集系统,本章也描述了需要手工记录仪表指示的仪器。

规程的相关部分,规程附录A,以及ASME性能试验委员会正式出版的关于仪器仪表的规程宜作为参考资料来使用。如果在试验结果的解释中已经考虑了准确性和重复性的影响,也可采用其他替代方法。宜采用ASME PTC6 Report—1985《汽轮机性能试验测量不确定评价导则》来评价这些影响。本报告提供了详细的仪表选择指南,用于选择每种测量仪表的类型和准确度,以及与仪表有关的不确定度。

4.2 交流发电机输出功率测量

本节主要描述了测量交流发电机输出功率(有功功率)的推荐方法,以达到最佳的试验结果重复性。

发电机损失曲线由制造商提供。在额定氢压下,可按照千伏安(kVA)值,或者输出功率和功率因数值,获得发电机损失。

4.2.1 有功功率测量

有功功率测量应使用经过校验的高准确度功率表或同等精度的带有电子数显装置的电能表(传感器)进行测量,采用独立的电压互感器和电流互感器对每一相进行测量。变送器应是三个单相变送器或一个三相变送器。推荐使用模拟或数字式计算机数据记录装置。电压互感器和电流互感器宜与传感器和仪表在同等负载下进行校验,在测量回路中没有额外的负载。

4.2.2 无功功率测量

无功功率(千乏)测量应使用经过校验的高准确度无功表或同等精度的带有电子数显装置的无功电能传感器进行测量,采用独立的电压互感器和电流互感器对每一相进行测量。变送器应是三个单相变送器或一个三相变送器。推荐使用模拟或数字式计算机数据记录装置。电压互感器和电流互感器可采用与有功功率测量相同的装置，只要它们与功率表、电能表、无功表或无功电能传感器和仪表在同等负载下进行校验。

4.2.3 功率因数测量

功率因数（电压和电流之间相角余弦的差异）应使用经过校验的高准确度功率因数变送器测量，变送器带有同等精度的电子数显装置，推荐采用独立的电压互感器和电流互感器对每一相进行测量。变送器应是三个单相变送器或一个三相变送器。推荐使用模拟或数字式计算机数据记录装置。电压互感器和电流互感器可采用与有功功率测量相同的装置，只要它们与功率表、电能表、无功表或无功电能传感器和仪表在同等负载下进行校验。一种测量千瓦（有功功率）和功率因数的替代方法是采用测量每相的电压、电流和功率因数。

4.2.4 校准的旋转标准

校准的单相试验电度表，或采用独立的电压互感器和电流互感器对每一相进行测量的校准的三相试验电度表，可以使用校准的旋转标准。电压互感器和电流互感器宜与仪表在同等负载下，且在测量回路中没有额外的负载下进行校验。仪表积分可由辅助光电计或等效的计数器来记录圆盘旋转的圈数得到，不宜使用机械驱动的计数器。

4.2.5 校准永久安装电度表

可以采用已校验的永久安装的电度表来测量，安装有独立的电压互感器，但电流互感器可采用其他仪表或继电器。电压互感器宜在仪表同等负载下进行校验。仪表积分宜采用具有最小寄存器单元的机械寄存器，在额定容量下，误差不大于每小时发电量的 0.5%。

4.2.6

除电压互感器采用其他电子仪表和继电器外，其他均与 4.2.5 相同。电压互感器负载变化会带来重大的测量误差。

4.2.7

除用 $2\frac{1}{2}$ 极电度表或者二相电度表来代替三相电度表外，其他均与 4.2.6 相同。

4.2.8 互感器的测量位置

互感器宜安装位于发电机总输出功率的测量位置上。如果在发电机和测量点之间存在任何外部接头，则应提供同等准确度的补充测量仪表以确定发电机总输出功率。

如果需要，应补充读取发电机功率因数和氢气压力，确定修正后的发电机输出功率。当汽轮机热耗率的定义需要测量供应给汽轮发电机组的励磁功率或其他辅助功耗时，还宜按照规程要求测量这些量，用于调整发电机端输出功率以符合热耗率的定义。

4.3 机械驱动输出功率测量

规程 4.04~4.08，提供了使用吸收测力计（反扭矩系统）或传动测力计（轴扭矩计）测量机械驱动输出功率的程序。热力特性的测量和给水泵功率的计算在规程 4.09 中给出。通过其他方式测量轴功率以确定机械输出的方法，见 ASME PTC 19.7—1980。对于其他类型的驱动设备，请参阅适用的 ASME 性能试验规程。对于原动机的常规测试，如果在测试时原动机已连接了负载，则推荐使用传动测力计来测量轴输出功率。当原动机正在驱动一个连接的负载时，由于吸收测力计吸收了原动机的轴输出功率，因此不适合测量轴输出功率。

4.4 流量测量

图 4.1 说明了在本规程试验中流量测量推荐的替代设计方案。

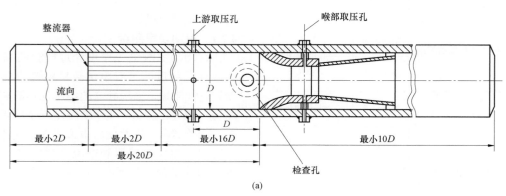

(a)

图 4.1（a） 焊接组装的主流量管段

注：温度套管、退刀槽之类的障碍物是不允许的。

（该图为示意图，并非想要表现实际结构的细节）

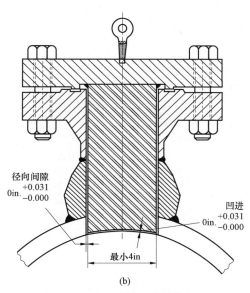

图 4.1（b） 给水流量喷嘴检查孔

注：该检查孔的定位由设计人员决定。

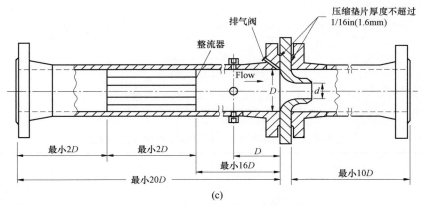

图 4.1（c） 法兰连接的主流量测量管段

注：温度套管、退刀槽之类的障碍物是不允许的。

4.4.1 主流量测量元件

建议在以下任一位置测量水的流量，作为准确确定进入汽轮机蒸汽流量的基础。

（a）带有法兰检查孔的主流量测量元件位于锅炉给水入口和最高压力给水加热器出口之间的给水系统管道上。高的给水压力可能需要将主流量测量元件焊接到给水管道系统中。法兰检查孔为试验前后检查喷嘴提供便利，如有必要，在试验前可对喷嘴进行清洗。

（b）主流量测量元件位于凝结水泵出口和给水泵入口之间的凝结水系统管道上。凝结水系统压力较低，主流量测量管段使用典型法兰连接方式以便于拆除用于检查或重新校准。因此，法兰连接的主流量测量管段可以专为性能试验安装，并且可以从正常连续运行的机组中拆除。

（c）按流量测量中最小不确定度和最佳重复性顺序，主流量测量元件选择的先后排列宜为：符合规程的喉部取压流量喷嘴，管壁取压流量喷嘴，孔板或文丘里管。流量测量应满足"流体测量 1971，第Ⅱ部分的规定"。主流量测量元件应安装在特别设计的管段中，包括位于测量元件上游的整流器（按流体测量 1971，第Ⅱ部分的规定），整个流量测量管段应作为一个整体在安装前进行校验。对于大流量情况，校准宜扩展到校验设施中可实现的最大雷诺数，以减小由于流量系数外推引起的不确定度增加。

4.4.2 热力循环中的主流量测量位置

主流量测量管段在热力循环中的物理测量位置是关键，它将影响流量测量的准确度和试验结果的重复性。由于热力循环设计、管道布置和成本变化的多样性，因此不能推荐使用单一测量位置。可选择的几个位置如图 4.2 所示，同时从简化试验程序　序列出。
和最小化所需读数的立场，在表 4.1 中按照优先顺

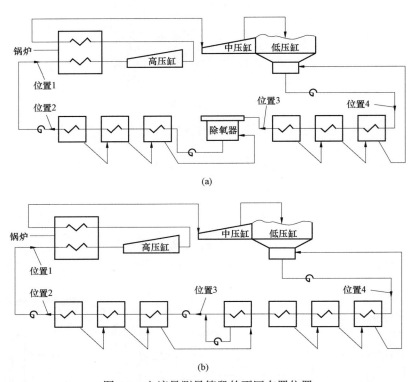

(a)

(b)

图 4.2　主流量测量管段的不同布置位置
（a）带除氧器的热力循环；（b）无除氧器的热力循环

表 4.1　主流量（水）测量元件的测量位置对比（见图 4.2）

优缺点 / 位置	1	2	3	4
	位于锅炉或省煤器入口位置	位于最后一个高加和给水泵之间，给水泵位于给水加热器出口下游	有除氧器位于除氧器入口处	无除氧器给水泵入口，给水泵位于高加上游	位于凝结水泵和低压加热器之间
优点				
提供了离开汽轮机热力循环的给水流量的直接测量，从而减少测点数量	√			
如果有，消除由于给水加热器泄漏的再循环引起的潜在流量误差	√	√	√	
消除通过给水泵再循环阀门到除氧器的任何泄漏的再循环引起的潜在流量误差	√			√
允许使用低压或中压流量测量装置		√	√	√	√
允许使用法兰连接的流量测量管段，以便于拆除、检查或重新校准		√	√	√	√
雷诺数可能在校准范围内，允许直接使用校准曲线				√
对系统隔离敏感度小，例如加热器紧急疏水排入凝汽器	√			
缺点				
要求使用高压流量测量装置	√			

续表

位置 优缺点	1 位于锅炉或省煤器入口位置	2 位于最后一个高加和给水泵之间，给水泵位于给水加热器出口下游	3 有除氧器 位于除氧器入口处	3 无除氧器 给水泵入口，给水泵位于高加上游	4 位于凝结水泵和低压加热器之间
试验条件下的雷诺数超出了校验所能达到的范围，需要对校验曲线进行外推	✓	✓	✓	✓	
位置要求焊接流量测量管段到系统管道中，使维修成本增加、对某些装置不能实现	✓				
在高压热力循环中，需要对给水泵和其他泵的压盖密封水供应和泄漏量的单独测量		✓	✓	✓	✓
试验期间需要主动验证给水泵再循环阀的严密性，以确保无给水再循环流量绕过测量装置至除氧器		✓			
需要围绕高加系统精确测量压力和温度，以便通过高加热平衡计算给水流量			✓	✓	✓
需要主动验证，至凝汽器的再循环流量无泄漏		✓	✓	✓	
在任何一个或所有加热器中可能存在的泄漏，增加最终给水流量的不确定度				✓	✓
接近泵出口，可能使流量装置由于泵引起的压力脉动而导致不可接受的仪器振荡					✓

4.4.3 按照最小不确定度和最好重复性原则设计流量元件

应对主流量元件进行以下的设计考虑，以实现最终设计，从而提供良好的重复性测试结果。

（a）宜选择合适的主流量元件类型，以便在与计划的试验负荷范围相对应的雷诺数范围内，可以预期有一个合理恒定的流量系数。

（b）为了减少流出系数校验曲线外推引起的不确定度增加。校验的雷诺数范围宜从预期试验期间的最低值到校验设备可实现的最高值，或达到试验期间预期的最大值，如果该值小于校验设施的最大能力。试验期间预期的雷诺数范围若超出了校验设备最大可实现值，宜使用试验规程中的外推方法。

（c）主流量元件的尺寸应设计成试验最低流量对应的最小差压不小于 6 英寸（153mm）汞柱。

（d）主流量测量喷嘴喉部直径，或孔板节流孔直径与管道内径之比（β 比值），对管壁取压喷嘴和文丘里管，应在 0.25（最小）～0.5（最大）之间；对孔板，宜在 0.3～0.6 之间。对喉部取压流量喷嘴，规程限定 β 应在 0.25（最小）～0.5（最大）之间。

（e）对永久安装的给水流量喷嘴的有限经验是，具有法兰检查孔，检查显示有 6～10mils（密尔）厚的沉积物可以通过喷嘴检查孔清除，以将喷嘴性能恢复到其原始校验状态。流量喷嘴表面清洗可通过使用非常高压的水喷流设备。如果其他清洗方法不会改变喷嘴的流量特性，那么也可以采用。除非喷嘴材料对化学清洗试剂有抵抗力，否则不应使用。

4.4.4 辅助流量数据与主流量测量的比较

当在常规服务中使用流量管段进行例行试验时，宜采用辅助数据将计算出的主流量与其他流量测量值进行比较，以检测趋势的偏差，如下所述：

（a）从试验数据，比较由凝结水流量计算得到的主流量和蒸汽流量。

（b）从试验数据，比较计算得到的主蒸汽流量与试验测量的第一级（调节级）压力。第一级压力与主蒸汽流量的关系由先前的试验获得，可对主流量测量的准确度提供有用的指示。

（c）从试验数据，类似的比较方法，采用热再热阀前压力来检查热再热蒸汽流量。

（d）从月度性能数据，比较基于主流量计算的锅炉效率与汽轮机热耗率。随着汽轮机热效率的提高，锅炉效率也提高的趋势表明，主流量测量向增大的方向漂移。

（e）对于复式双轴机组，当所有离开汽轮机的蒸汽都是过热蒸汽时，有可能比较基于主流量测量计算得到的主蒸汽流量和基于使用发电机输出计算得到的主蒸汽流量。有关压力和温度，以及辅助流量的测量，见规程4.60中的描述。一般来说，这个方法适用于所有低压缸带动同一个发电机的复式双轴机组，但不适用于低压缸驱动两台发电机的场合。

4.4.5 主蒸汽流量测量作为替代方法

确定主流量的一个替代方法是测量锅炉出口至汽轮机入口之间的主蒸汽流量。蒸汽流量测量值比水流量的测量值的不确定度更大，因为这种测量流量元件通常未校准，且其流出系数需由其他来源估计。然而，对于使用永久安装的流量喷嘴测量过热蒸汽流量这种特定场合，这种方法可提供良好的重复性。

本性能试验委员会分析了提供的试验数据，在很长一段时间内，这种类型流量测量的重复性为±2%。因此为达到试验目的，推荐采用测量水的流量。蒸汽流量测量可考虑作为辅助检查，用于重复流量测量值的时序趋势的比较。

4.4.6 流量元件差压测量的优选方法

测量主流量元件产生差压的首选测量方法是使用精密级（0.1%的全量程）差压传感器，差压变送器带有同等精度的电子数显表。推荐将模拟量输出送至计算机数据记录仪。

一种替代方案是使用微压计来测量主流量节流元件产生的差压。微压计可以提供与压力变送器相同的准确度，但不能提供给计算机数据记录仪。限制或禁止使用汞的规定可能需要使用其他设备。

差压测量装置应在试验前后进行校验，并且应在测试期间所期望的工况下进行校验。

4.4.7 流量测量元件连接到测量仪表的方法

精密级差压变送器或差压表与主流量测量元件连接的首选方法，示意图如图4.3所示。试验仪表宜位于测量源的下方，并且传压管宜斜向下连接到仪表。传压管内径应不小于3/8英寸（9mm）。两根传压管不宜保温，并相互靠近布置以减少温度差异。零位移电磁阀可以与仪表一次阀串联安装，以便在读取差压时消除水柱波动。这些阀门不应用于阻止变送器读数，但可用于多路复用仪表。试验前，仪表宜正确排空，并在零差压下检查。在差压表投入使用后，应允许有足够长的时间使两根传压管达到温度平衡。差压表宜能读到±0.05in（1.25mm）。

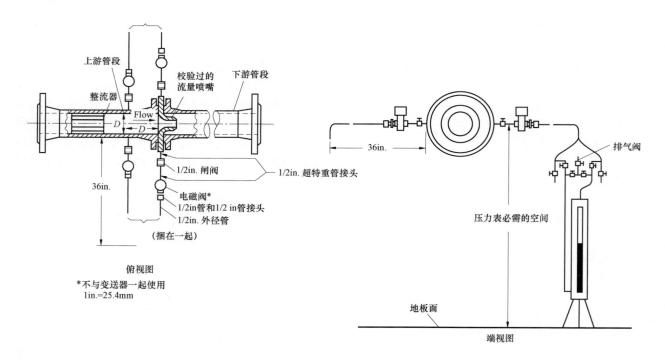

图4.3 已校准的流量管段与差压表之间的连接示意图

4.4.8 辅助流量测量

辅助流量用于热平衡计算或详细的热力性能分析，可使用未校准的流量装置，测量方法需要满足"流体测量 1971，第 Ⅱ 部分的规定"。

为实现计算机数据采集，推荐使用差压变送器和电子数显装置。

辅助流量可以使用校验的指示计或流量计直接读取或从差压表读取的差压来计算。对小流量或低压轴封泄漏流量可以使用适当设计的正向-反向皮托管。

4.5 压力测量

4.5.1 主要压力测量

主要压力是指对汽轮机试验结果有重要影响的压力，应采用精密级试验压力仪表来测量。精密级试验压力仪表是指具有下表给出的测量不确定度的商用仪表。

序号	仪 表	测量不确定度
1	压力变送器	满量程 0.1%
2	静重式压力计	测量压力的 0.1%
3	压力计	作为一级标准
4	绝对压力表	满量程读数 0.25%
5	波登表	满量程读数 0.25%
6	大气压力计	作为一级标准

推荐选择使用仪表。

序号	仪表类型	压力范围
1	具有为准确读数而抑制范围的已校准的压力变送器[2]	0～5000 psia（34470kPa）
2	校验过的静重式压力计	>35 psia（240kPa）
3	精密级压力表[1]	0～35 psia（240kPa）
4	精密级绝对压力表	0～2 psia（14kPa）
5	试验等级波登表[2]	35～1000 psia（240～6890kPa）
6	精密级大气压力表[3]	大气压力

注：
1）请参见规程 4.02 段，使用汞作为压力计流体注意事项。
2）试验前后应立即按照二级标准进行校验，以确保精确的校准。压力变送器宜进行温度补偿，或安装在环境温度可控的地方。
3）参见 ASME PTC 19.2—1987 压力测量。

当指定的压力范围涵盖多个仪表类型时，实际仪表可在其中进行选择。

常规性能试验推荐采用精密级压力变送器，变送器带有同等精度的电子数显表，并能将采集数据输入计算机数据采集记录仪中。

4.5.2 辅助压力测量

辅助压力是指对汽轮机试验结果有很小影响的压力，可使用标准的电厂运行仪表来测量。这些仪表应保持较好的状态，至少每 6 个月重新校准一次。

4.5.3 传压管

连接压力仪表和压力源的传压管的内径宜不少于 3/8 英寸（9mm）或相当的管子。压力源取压接头安装和传压管布置的详细要求请参见规程 4.84～4.89。压力多路阀可用于选择压力信号连接到阀门，以便选定的压力信号传递到压力变送器。压力多路阀宜尽可能安装到接近压力变送器。选择每个压力信号源后，在读取或记录之前，要求压力稳定。

4.5.4 试验压力连接注意事项

在开始试验前，不连续使用的试验压力连接管宜彻底吹扫，以确保管道干净，并允许有足够时间以使传压管内水柱温度达到平衡。除非数据已采集完毕，低于大气压的传压管应采取正确的排空，以清除管道积聚的水分，并提供最小流量的吹扫空气来清理管路。对于略高于大气压力的测量管路也推荐相同的吹扫方法，特别是当测量仪表位于压力源之上的连接方式。

4.5.5 静重式压力计

对定期试验，质量好的静重式压力计并不要求定期校准。试验期间应检查静重式压力计，以确保活塞自由旋转。若对仪表误差有怀疑，可以按照以下要求进行检查。

（a）与另一个静重式压力计进行对比检查；

（b）与汞柱进行对比检查，并在一个精密天平上称重进行相互比较。

作为主要压力测量的压力变送器和波登表，在每次试验前和后，宜采用静重式压力计就地进行校验。作为辅助压力测量的压力变送器或压力表，宜采用静重式压力计每 6 个月校准一次。

4.5.6 压力计

压力计可以是带刻度尺的双 U 形管型或带有补偿标尺的单管井型，补偿标尺用于修正指示流体液柱与封闭储液容器之间的高差。如果用汞作为测量介质，应采用干净的仪表级汞。若规则限制或禁止使用汞，可能需要使用其他指示液体。在压力计充指示液前，应冲洗并彻底清除残余物存留。在填充单管井型带特定数量的指示流体的压力计时，应注意正确设置零水位以避免封闭的储液器中夹带空气。填充后，压力表宜通过施加一个压力，并且在零水位检查恒定读数。压力表宜能读到±0.05 英寸（1.25mm）。

4.5.7 压力表中使用汞的注意事项

主要压力测量常用汞作为压力表液体。辅助压力测量，用常已知比重的商用流体来替代，以扩大刻度读数，减少读数误差。仪表中使用汞的相关注意事项，见规程 4.02 描述。

4.5.8 排汽压力测量方法

凝汽式汽轮机排汽静压力应在凝汽器任一侧靠近排汽喉部连接点处进行测量。规程推荐一个排汽环面宜采用不少于两个压力仪表来测量。如果可能，压力测点宜选择能代表整个排气区域平均值的测点。如果该机组已使用验收试验规程进行过试验，则宜在每个排汽区域中保留最接近平均值的取样点，以便用于定期试验。压力测量仪表的初始位置需要经过判断。推荐采用网笼探头装置，与排汽来流方向成 45°安装，如图 4.4（a）所示。网笼探头安装的位置宜在排汽接头的平面上，在排放环面的下游，并且大致在汽轮机轴中心线上。应避免安装在靠近抽汽管或内部结构支撑附近。宜通过调整网笼探头的精确位置，使其处于从汽轮机排汽到凝汽器的蒸汽流道畅通无阻的中心区域。网笼探头宜牢固的刚性支撑锚定在连接管上。传压管宜连续向上倾斜连接到汽轮机壳体上刚好高于汽轮机地面平台的外部阀门上。

也可以布置导流板，以便蒸汽流垂直于取压头，见图 4.4（b）所示。与排汽压力对应的平均排气罩温度可以作为辅助检查，以验证排汽压力测量的重复性。由于这些压力仪表可能安装在不同的位置，因此可能存在压力测量值差异。

4.5.9 排汽压力测量仪表

绝对压力表或标准水银压力表均可用于排汽压力的测量。在任何一种情况下，都宜配备尺度和游标，允许读取到 0.01 英寸（0.25mm）。在填充仪表级汞之前，绝对压力计应严格清洁。在试验前，当连接到公共真空源时，表计宜彼此进行比较，或与精密级表计和大气压力表进行比较。

4.5.10 压力测量修正

无论是通过静重式压力计，波登表或水银压力计来测量，压力值都应是以下几项的代数和：

（a）仪表读数，对测量流体介质采用正确的转换因子，参见"流体测量" 1971 中图 11-1-2。

（b）压力计温度的负修正到 32°F（0°C）。

（c）仪表修正，包括任何需要的刻度修正。

（d）重力加速度修正，将仪表读数修正到重力加速度为国际标准值 32.174 06ft/sec^2（9.806 65m/s^2）。

（e）水柱高差修正。

（f）测量的大气压力包括对测量仪表的海拔高度的修正。

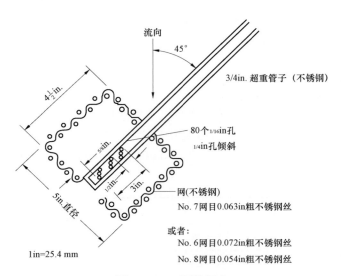

图 4.4（a） 网笼探头

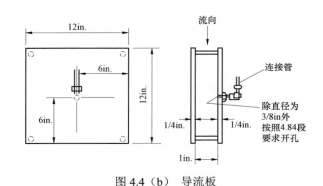

图 4.4（b） 导流板

4.6 温度测量

4.6.1 主要温度测量仪表

推荐以下仪表用于主要温度的测量（见规程 4.100～4.107）。

4.6.1.1 标准电阻温度计

仅为试验安装的标准热电阻温度计构成包括：一个带精密级电桥、数字万用表或数据采集系统。

4.6.1.2 带冰桶冷端补偿的试验热电偶

仅为试验安装的热电偶温度计构成包括：带整体冷端连续引线构成的校准过的热电偶，平衡精密电位计，数字电压表或数据采集系统，用冰桶将固态冷端温度保持在冰点上。

冰-水混合物宜频繁的搅拌以消除温度梯度，并用水银-玻璃管温度计验证其温度。

当使用数字电压表时，应遵守恰当的保护程序，以减少杂散电流信号误差。

4.6.1.3　带电子冷端补偿的试验热电偶

仅为试验安装已校准的热电偶构成包括：连续引线连接到电子冷端参考补偿点，精密电位计，数字电压表或数据采集系统。

4.6.1.4　带温控冷端补偿的试验热电偶

已校准的热电偶与该热电偶相同材料的永久安装的引线相连，并连接到带温控冷端补偿的端子上，该端子位于一组试验热电偶的公共冷端接点处。冷端温度宜采用一个已校准的仪表来测量，并能在不打开端子板外壳的情况下进行读取。

每个热电偶的毫伏输出宜采用一个精密级电位计，或经正确补偿冷端温度的数字电压表来读取，可以通过旋转测试开关或适当的测试插孔顺序连接到每个热电偶来实现。

这些特殊的试验热电偶不宜留在温度套管中长期运行，而应每次试验后从套管中取出，每次试验前重新安装。

4.6.2　辅助温度测量

辅助级的温度测量对试验结果有较小的影响，可以使用电厂运行热电偶连接到记录仪或显示仪表。试验前，宜检查这些电厂仪器，以确保标准化。水银-玻璃管温度计推荐仅在 200°F（100°C）或更低的温度下使用。

4.6.3　确定蒸汽焓的相关参数测量

当温度和压力的读数用于确定蒸汽焓时，试验测点的位置需要特别注意。压力和温度测点的位置应尽量靠近。当蒸汽焓是试验结果计算时的一个主要影响因素时，应布置重复性温度测点。如果一条以上的蒸汽管道汇集到一个母管上，则每条管道都应布置重复性测点。对于可接受的准确度，测点处蒸汽的过热度宜不小于 25°F（14°C）。应注意温度读数是管道内混合流体温度的代表。

对于从汽轮机缸体排出的蒸汽，温度测量点应在弯头或三通的下游，以提供离开汽轮机通道的分层蒸汽得以充分混合的条件。

对于汽轮机抽汽温度测量，宜检查可能影响目标测量流体的内部或外部旁通蒸汽流的可能性，并采取相应的预防措施来确定温度测量点位置。

当管道内径小于 4 英寸（100mm）时，热电偶套管应采用在弯头或三通处轴向插入的方式来布置。

4.6.4　温度套管

除非受设计因素的限制，温度测试元件宜插入流体中至少 3 英寸（75mm），但不小于管道直径的四分之一。温度套管安装应符合 ASME《锅炉和压力容器》和《动力管道》规程。管道和套管应尽可能薄，并同时符合安全应力和其他 ASME 规程要求，套管的内径应清洁，干燥，无腐蚀或氧化物。套管的材料应能耐腐蚀。清洁的套管将能更容易地拆除热电偶。套管的内径宜尽可能小，以使热电偶紧密地配合在套管中，并牢固地保持抵靠底部。热电偶套管露在管道外部的部分宜仔细覆盖保温层，以减少辐射损失。

4.6.5　温度测试元件校准

主要温度测量的试验热电偶或电阻温度计应定期重新校准。重新校准的频率应由经验确定。规程 4.106 部分，推荐了适合的校准程序。

每当对辅助温度参数测量显示温度有怀疑时，宜通过与主要试验热电偶的比对来检查。检查可以在试验现场的稳态条件下，通过在同一个套管中互换永久热电偶和试验热电偶，并比较其读数来进行。

4.7　蒸汽品质测量

蒸汽样品方法宜根据 ASME PTC 19.11—1970《动力循环中的水和蒸汽（纯度和品质，泄漏检测和测量）》，以下方法可用于确定蒸汽品质。

（a）示踪剂：示踪剂技术，放射性或非放射性（主蒸汽和抽汽）。有关详细内容，参见规程 4.109。

（b）加热器疏水流量和热平衡：测量加热器疏水流量（仅限抽汽）和热平衡计算。

（c）节流热量计：用于直接测定主蒸汽品质的节流热量计（仅限主蒸汽）。

选择上述方法中的任一种来测试蒸汽品质取决于许多条件，且每种方法都有其使用的限制。放射性示踪剂方法目前用于许多核电厂汽轮机试验中。规程 4.109～4.115，提供了有关其使用的详细信息。

节流热量计的主要缺点是其准确度直接受外部条件的影响，外部条件是指蒸汽样品能否代表管中流动蒸汽的平均状态。蒸汽湿度取样管如图 4.5 所示，其设计使得通过八个取样孔的平均速度近似等于管中蒸汽的平均速度。在大尺寸管道中，有证据表明蒸汽中的水分（湿度）易于沿着管道壁聚集，从而逃逸等速取样。蒸汽取样技术在 ASME PTC 19.11—1970《动力循环中的水和蒸汽（纯度和品质，泄漏检测和测量）》中的 I&C 第二部分中描述。

4.8 时间的测量

试验期间的时间和其他观测时间可通过以下方法来测量：

（a）对计算机数据采集装置，内置在计算机中的电子钟能提供自动精确的时间测量；

（b）如果试验需要同时开始或停止某些读数，使用来自主时钟或计时器的时间信号；

（c）每个试验人员同步手表的记录；

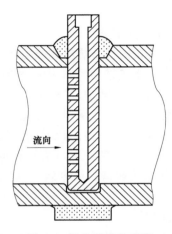

图 4.5　蒸汽湿度取样管

（d）主时间信号的无线电通信。

当使用来自主时钟的信号测量时间时，信号装置应在所需时间的 0.5 秒内允许接收。

应采用每天一分钟精度的可靠表和时钟，在试验开始时手表或钟应同步。

4.9 系统泄漏和水箱水位变化测试

从主流量测量点到主蒸汽之间的水或水蒸气循环泄漏量应进行测量，其测量准确度应与主流量相一致。典型的泄漏包括：泵泄漏、喷射流、辅助蒸汽流量，锅炉排污和阀门阀杆泄漏。

如泵端部泄漏等低温泄漏流量，宜采取收集流量一段时间，然后称重用来获得系统泄漏率。

采取类似的方式，热力系统范围内的任何储水容器宜记录试验期间的水位和水位变化。典型的储水容器包括凝汽器热井、除氧水箱、锅炉汽包。

4.10 辅助参数的电厂运行仪表

如果电厂仪表能得到正确维护，并在试验前 6 个月内已校准，则电厂仪表可用于测量辅助参数，这些参数对试验结果的影响很小。

仪表的详细信息请参考 ASME PTC 19 的仪表和仪器系列。

4.11 用于试验结果计算的制造厂家数据

设备制造商可以提供数据和/或修正曲线用于试验计算。其中一些数据如下：

（a）发电机损失修正曲线：发电机损失与功率因数和氢压的关系曲线，用于将发电机输出功率修正到额定条件下。从制造厂家修正曲线中查取发电机损失时，需要测量有功功率（千瓦）、无功功率（千乏）或功率因数，以确定发电机视在功率 kVA。

（b）汽轮机热耗率或汽耗率修正：汽轮机热耗率或汽耗率修正曲线，用于将试验的热耗率或汽耗率修正到公式定义的标准工况下。

（c）汽轮机功率修正：汽轮机功率修正曲线，用于将试验功率修正其公式定义的标准工况下。

（d）不可测量的辅助流量或蒸汽泄漏：小的不可测量辅助流量或蒸汽泄漏量会影响主蒸汽流量的计算。

（e）泵效率曲线：用于确定试验条件下泵焓升的效率曲线。

（f）进入循环的能量：从热交换器（如空气喷射器冷凝器、发电机氢冷却器或冷油器）进入热力循环小流量所携带的能量，不能作为试验的一部分进行常规测量。

4.12 转速测量

轴的转速应通过积分计数器进行测量，测量按照 ASME PTC 19.13—1961 《旋转速度测量》中的 4.118。如果可以证明频闪仪的校准精度为 1%，则可以用它来代替。其他细节详见规程 4.117。

对于机械驱动装置，当其功率由测量转速和扭矩来确定时，例如给水泵原动机，那么准确测量轴的转速就至关重要。这是因为转速测量中的误差将产生轴功率的计算误差，该误差大小与转速测量的误差成正比。对于机械驱动装置，转速应使用数字或模拟的转速表进行测量。测量系统有如下三个基本组成部分：

（a）轴上的齿轮或键，被认为是激励器。正如规程 4.118 中讨论的，激励器应由黑色金属材料制成，并与电子集成计数器结合使用。

（b）磁或涡流速度传感器。将激励器表面深度变化转换成没有与轴机械耦合的 AC 电压信号。

（c）电子计数器或转速计。它是一种从探头接收 AC 信号、完成计算，并将信号转化为读数的设备。对于计算机化的数据记录，还需要输出到计算机。

5 预备性试验

5.1 汽轮机阀点位置

5.1.1 总则

应确定汽轮机阀点，以便在运行负荷范围内获得汽轮机性能。如果汽轮机调节阀仅在部分开启的情况下，得到的任何试验主蒸汽流量，则可能每次测试的流量都会变化，进而导致试验结果的不一致。如果能在汽轮机系列试验开始之前确定阀点位置，则可以节省人力和时间成本。

可以根据高压缸效率、测量的汽轮机某处压力或阀杆位置来建立汽轮机阀点位置，汽轮机在所建立的阀点下进行试验。

5.1.2 高压缸效率法

对于整个高压缸工作在过热区的汽轮机，阀点可通过寻找高压缸效率最高的点来确定。为实现这一点，在包括阀点位置的范围内，以小的增量改变进入汽轮机的蒸汽流量。在每个流量增量下，测试高压缸入口和出口处的压力和温度，从而计算出高压缸效率。如果使用了合适的试验仪器和试验程序，局部最大高压效率将会呈现。试验期间，也宜记录随流量变化的参数（例如调节阀阀位，第一级或整个高压缸部分的压比），以便在系列试验中容易地设置阀点。

5.1.3 测量汽轮机压力法

阀点可以通过测量蒸汽压力来确定，所使用的取压接口位于每个进汽调节阀的入口和出口。当调节阀保持关闭时，调节阀出口区域压力几乎与第一级出口压力相同。当调节阀打开时，调节阀出口区域的压力增大，并与第一级压力之间的差异明显变化。阀点定义在这个变化发生的点处。

这种类型测试的数据在图 5.1 中显示。其中，（A）是主蒸汽控制阀下游的压力，（B）是某个具体控制阀的入口区蒸汽压力，（C）是第一级压力。当阀门开始打开，检测到第一级压力（C）和入口区蒸汽压力（B）之间的压力差发生变化时，阀点出现了。正常情况下，在调节阀开启顺序正确设置时，当入口区蒸汽压力（B）上升到主蒸汽压力的百分之几以内时，下一个后续调节阀开始打开。

5.1.4 阀杆位置法

汽轮机上的阀位也可通过精密级的深度计来测量，确定各阀杆的升程。除此之外，宜安装一个参考标尺刻度，以指示伺服阀驱动凸轮轴的行程。物理调节阀凸轮和滚子位置有助于定位大致的阀位。在预备性试验期间，足够的读数可以确定在每个试验点的主蒸汽流量，并读取汽轮机各抽汽级的压力。在整个负荷范围内，以适当的小增量提高汽轮机负荷来进行这一试验。在每个试验点，设置汽轮机负荷限制，同时

速度控制设置为超出范围，使负荷保持恒定。每一个负荷点，读取以下数据：

（a）通过深度计测量每个汽轮机控制阀的位置。

（b）凸轮轴伺服驱动器的位置。

（c）汽轮机各抽汽级的压力。

（d）汽轮机负荷（仅参考用）。

（e）负荷限制控制油压。

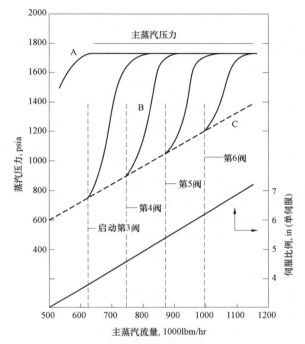

图 5.1 典型汽轮机阀点位置试验数据——
基于各个蒸汽压力测量

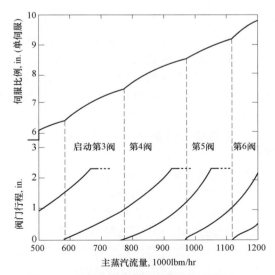

图 5.2 典型汽轮机阀点位置试验数据——
基于各个阀杆升程测量

这种类型测试的数据在图 5.2 中给出，指示阀点负载情况。主蒸汽流量被用作参数。在应用这些数据建立汽轮机周期性试验时，使用汽轮机主蒸汽流量和

伺服位置的数据。在伺服位置刻度上划线表示阀开启点，并且在稍微低于参考边界的刻度位置处设置试验负荷。如果调节阀在汽轮机检修期间做过维护，包括汽轮机调节阀控制方面的工作，则必须重复刚刚描述的试验，以重新确定汽轮机的阀点位置。单个调节阀的检查应包括检查下一个顺序开启的调节阀，以确保其没有开启。

5.2 系统隔离试验

在这个试验中，按照系统隔离程序(本报告的3.2，规程的3.11~3.17)进行试验，所有进\出系统的流量应至少读取一个小时时段的数据。系统中储水容器水位变化应仔细读取，以确定系统不明泄漏量。系统不明泄漏量不宜超过最大主蒸汽流量的0.5%，并采取措施尽量减少。在热耗率计算中，通常假设系统不明泄漏量来自锅炉侧，并将该量从测量的给水流量中减去以计算主蒸汽流量，进而计算输入系统的能量。当假设与实际情况相符合时，其对试验热耗率的影响很小，试验结果与以前的试验结果可进行有效的对比。然而，如果泄漏发生在循环的其他地方，特别是如果位于主流量测量的上游，那么宜调查不明泄漏量的影响或不明泄漏量的显著变化，以验证假设不明泄漏量的源头。该试验要求在能模拟实际运行的稳定负荷工况条件下进行。

5.3 通过焓降法确定汽轮机各部分的效率

5.3.1 测量

通过焓降法测量汽轮机的缸效率特别有用，可作为判断汽轮机蒸汽流道的清洁程度指导。紧接着汽轮机检查性大修之后，当已知蒸汽流道清洁度时立即进行试验，试验宜在汽轮机能达到阀全开工况并实现正常运行条件下进行。然而，如果需要在降压工况下延长一段时间运行，则宜在额定主蒸汽压力的50%下进行一个特殊试验。在过热蒸汽进入或离开汽轮机壳体的每个位置，采用准确的试验仪器来测量蒸汽的压力和温度。另外，读取数据建立汽轮机主蒸汽流量和第一级压力的关系。

对一个再热循环机组，可能的试验测点位置如下：

（a）汽轮机主蒸汽阀入口处。

（b）高压缸排汽（冷再热蒸汽）。

（c）中压缸入口（热再热蒸汽）。

（d）低压缸入口（中低压联通管后）。

从试验数据可以计算汽轮机缸效率，如图5.3所示。在稳定条件下，这类试验的试验持续时间一小时就足够了。

对反流式布置的机组，中压缸效率的测量和计算，应考虑高压缸到中压缸之间轴封泄漏对中压缸效率的影响。

5.3.2 汽轮机清洁度指标

定期重复进行汽轮机缸效率测试，将能表征汽轮机的清洁度。当参数调节到标准条件时，低压缸效率的降低和主蒸汽流量的减小是汽轮机蒸汽流道沉积物积累的指示。同样，低压给水加热器压力的显著增加是低压缸蒸汽流道结垢的指示。因为低压缸排汽过热度不足，低压缸效率通常不能通过焓降方法测量。

5.3.3 低压缸焓降试验法

在某些汽轮机的低负荷下有可能进行低压缸焓降试验，当保持再热温度时，通过增加排汽压力以获得干的排汽。由于该方法需要4.5~5.0in.Hg的绝对排汽压力，因此在试验之前应咨询汽轮机和冷凝器制造厂家关于操作限制和进行该试验的可行性（关于该方法的具体细节，请查阅ASME paper 60–WA-139）。

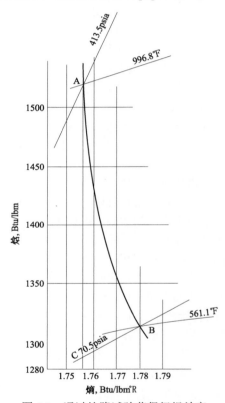

图5.3 通过焓降试验获得级组效率

中压缸焓降见表5.1。

表5.1 中 压 缺 焓 降

位置	压力 psia	温度 ℉	焓 Btu/lbm	熵 Btu/lbm℉R
（a）中压缸入口	413.5	996.8	1521.1	1.758
（b）中压缸出口	70.5	561.1	1312.4	
（c）…	70.5		1290.5	1.758

等熵焓降=1521.1-1290.5=230.6Btu/lbm

实际焓降=1521.1−1312.4=208.7Btu/lbm

级组效率=208.7/230.6=90.5%

中压缸入口蒸汽流量= 939 000 lbm/hr

6 试验结果的表述和解释

6.1 概述

在汽轮机试验程序中，一个最重要目的就是对试验结果的正确解释。当有迹象表明，汽轮机存在机械损伤，可能需要立即停机，或安排一个检修计划进行内部检查时，试验结果可以提供有关改进措施。在任何情况下，对试验结果的正确解释将有助于确定停机检修的紧急程度，有助于决定更换备品备件以使机组的效率恢复至正常水平。有些试验结果相对容易评估，如机组带负荷能力下降、轴封漏汽量增加和缸效率下降等，但是，汽轮机特性方面的知识对于了解机组性能变化的原因是必要的。了解由于负荷、主蒸汽压力和温度、再热蒸汽温度、凝汽器压力变化，或者由于一个加热器退出运行所引起的缸效率、级的压力和温度变化是很重要的。本章使用大量的热力学和流量公式，以方便对汽轮机性能的讨论。这些公式可以在工程书籍中找到，所选用的公式推导过程见6.25（a）～6.25（d）。

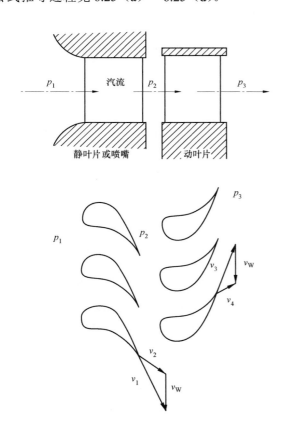

图 6.1　单级典型叶片图

6.2 压力、温度和流量的关系

对于所有汽轮机各级，通用的流量公式为

$$w = 3600(C_q)(A_n) \times$$

$$\sqrt{(2g)\left(\frac{\gamma}{\gamma-1}\right)\left(\frac{p_1}{v_1}\right)\left[\left(\frac{p_2}{p_1}\right)^{\frac{2}{\gamma}} - \left(\frac{p_2}{p_1}\right)^{\frac{\gamma+1}{\gamma}}\right]}$$

（6.1）[*❶]

当调节阀阀位、主蒸汽流量、凝汽器压力和主蒸汽参数发生变化时，对于大部分汽轮机级，包括所有在第一级和最后一级之间的各级，其压比几乎是常数。

对于这些级，假定一个常数 p_2/p_1，忽略 γ 和 A_n 非常小的变化，式（6.1）变为

$$w = C_q \times 常数\sqrt{p_1/v_1} \qquad (6.2)$$

C_q 随雷诺数变化很小，实际上也可以将它设为常数，因此

$$\frac{w}{\sqrt{p_1/v_1}} = 常数 \qquad (6.3)$$

或

$$\frac{w}{p_1\sqrt{\frac{1}{R_1 T_1}}} = 常数 \qquad (6.4)$$

上述公式和图 6.1 中：w 为流量，lbm/hr；C_q 为流量系数；A_n 为喷嘴面积，ft²（静叶的通道面积）；γ 为比压比，（c_p/c_v）；p_1 为级入口压力，psia；p_2 为静叶和动叶间的压力，psia；p_3 为级出口压力，psia；R_1 为级入口气体常数；g 为重力加速度，ft/sec²；v_1 为级入口比容，ft³/lbm；T_1 为级入口绝对温度，°R；v 为速度，ft/sec。

对于节流调节运行的汽轮机，式（6.3）和式（6.4）也可适用第一级。

6.3 第一级压力与流量的关系

对于设计为部分进汽的汽轮机，第一级喷嘴的面积被分成几个独立区域，进入每个区域的流量由一个或多个调节阀控制。当调节阀全开工况时，进汽流量达到最大。当某个调节阀关闭，进入第一级的通流面积也会减小，因此，总的进汽流量也将减小。这时通过第二级的流量也会减小，式（6.4）中的压力表示第二级入口压力［通常称为第一级（后）压力[❷]］也会减小。由于第一级级前压力与主蒸汽压力相当，因此，第一级的压比会减小。因为压比随着调节阀开度的变化而变化，因此，只有当调节阀的开度不变时，式（6.3）和式（6.4）对于第一级才有效。对于采用部分进汽的凝汽式汽轮机，典型的高压缸膨胀过程线如图 6.2 所示。

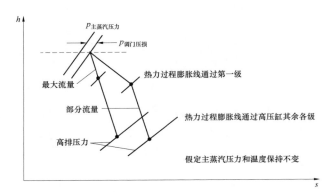

图 6.2 部分进汽凝汽式汽轮机，典型高压缸膨胀过程线

6.3.1 在变工况下，式（6.3）和式（6.4）对全周进汽的汽轮机也有效。对于全周进汽的汽轮机，在恒定主蒸汽压力下运行时，当所有的调节阀同时关小，主蒸汽流量从阀全开流量开始减小，调节阀的压降会增加，导致阀门节流损失增大。第一级入口压力和流量均会减小，而第一级的压比将保持恒定。对于采用全周进汽的凝汽式汽轮机，典型的高压缸膨胀过程线如图 6.3 所示。

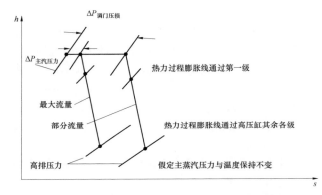

图 6.3 全周进汽凝汽式汽轮机，典型高压缸膨胀过程线

6.4 最后一级压力与流量的关系

对于凝汽式汽轮机或任何具有固定排汽压力汽轮机的最后一级，当其入口压力变化时，而排汽压力保持不变。则末级的压比会发生变化，式（6.4）将不再适用。在这种工况下，流量与压比的关系根据式（6.1）确定，这一关系表示在图 6.4 中。然而，凝汽式汽轮机的末级，经过喷嘴的压比设计成接近临界压比，因此，小的压比变化不会改变流量与压力的关系（当 p_2/p_1 略小于临界值），或很小的变化（当 p_2/p_1 略大于临界值）。为了实用目的，在设计排汽压力下，末级压比的变化对流量的影响可以忽略不计。

当排汽压力高于设计值时，末级的流量特性越来越对压比的变化敏感。

6.5 全负荷范围内压力与流量的关系

假设主蒸汽温度、再热蒸汽温度、排汽压力保持

假定：级的入口压力和温度保持不变。

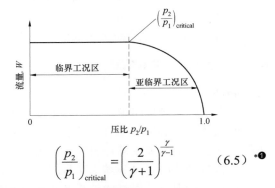

$$\left(\frac{p_2}{p_1}\right)_{\text{critical}} = \left(\frac{2}{\gamma+1}\right)^{\frac{\gamma}{\gamma-1}} \quad (6.5) *❶$$

图 6.4 凝汽式汽轮机末级蒸汽流量与压比关系

不变，压力与流量的关系❷绘制于图 6.5。因为在低负荷时，第一级做功的比例较大，因此，第一级压力与流量的关系并非线性，进入第二级的压力和温度也比满负荷时低。由式（6.4）得知，由于入口温度较低，相对于温度不变时的流量减小，为了通过较低的流量所需的压力将更低。对于高压缸的所有各级，压力与流量保持相同的趋势关系，对于高压缸后面的各级，相对于压力与流量线性关系，压力减小量有 3%～5% 的偏离。对于全周进汽的汽轮机，高压缸级的压力与流量的关系近似为线性关系。对于任何一种进汽方式的汽轮机，除了末级入口外，再热器下游的各级，压力与流量的关系均为线性关系，说明见 6.6。

假定：主蒸汽温度，再热蒸汽温度，排汽压力保持不变。

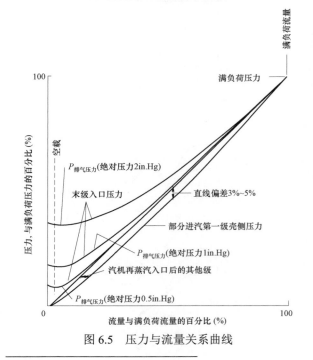

图 6.5 压力与流量关系曲线

---

❶ 式（6.5）的推导过程见 6.25（b）。

❷ 因为压力与流量的关系会随汽轮机参数变化而变化，因此，第一级压力不宜代替流量测量作为汽轮机进汽流量。对于汽轮机任何一级，要牢记级的压力与流量关系的改变是主要予以关注的因素。

在流量为零时，末级的入口压力等于凝汽器压力，然而，在空载流量下，末级入口压力由于抽吸作用会低于凝汽器压力。随着末级入口压力的增加，末级压比同步减小，进汽流量将增加较快。当压比接近临界值，末级压力与流量的关系与末级入口压力成比例。当排汽压力增大，末级压力与流量的关系偏离线性关系较为明显。

6.6　运行工况的变化

当汽轮机运行工况发生变化，而调节阀阀位保持不变时，式（6.1）～式（6.4）可以用于研究级的流量、温度和压力的变化关系。

6.7　主蒸汽压力变化

通用流量式（6.1）也可以用于调节阀的流量计算。当调节阀开度设为定值，假定调节阀的压比保持不变，由式（6.4）可知，当主蒸汽压力增加，主蒸汽流量也会成比例增加。流量的增加会导致第一级入口压力成比例增加。因此，调节阀的压比保持不变，也验证了式（6.4）的有效性。同理，除凝汽式或其他排汽压力不变的汽轮机的末级外，所有级的入口压力与主蒸汽压力成比例增加。如果末级的压比低于或接近于临界值，那么末级入口压力也近似与主蒸汽压力成比例增加，否则，主蒸汽压力的增加不会引起末级入口压力同比例增加。

6.8　主蒸汽温度变化

若主蒸汽压力和调节阀阀位保持不变，由式（6.4）可知，当主蒸汽温度增大，主蒸汽流量会减小。进入汽轮机下一级的流量也以相同的量减小。因为调节阀或第一级的压比基本上没有变化，因此，主蒸汽温度增大不会引起第一级入口压力或出口压力显著变化。同样，因为主蒸汽温度的变化也会引起各级入口温度的变化，对于高压缸其余各级，同样的分析也是如此，主蒸汽温度的减小也不会引起这些级压力的变化。

若再热蒸汽温度保持不变（假定再热器出口温度可控），主蒸汽温度增大所引起的高压缸蒸汽流量的减小会导致高压缸排汽（冷再热）压力和再热汽轮机入口（热再热）压力减小，因此，高压缸的总压降增大，并且最后几级的压比变化很小。通常情况下，主蒸汽温度变化的影响相对较小。

6.9　再热蒸汽温度变化

若主蒸汽参数和调节阀阀位保持不变，当再热蒸汽温度发生变化时，主蒸汽流量将保持不变。将式（6.4）应用于再热后第一级，如果再热蒸汽温度增大，将会导致再热蒸汽压力的增大，增大值与再热蒸汽绝对温度增大前后之比的平方根近似成正比关系。实际上，从式（6.3）可以看出，利用比容变化来计算压力的变化会更加准确。这种压力的增大会反映在再热器下游各级，也会引起高压缸总压降

的减小。相应地，如果再热蒸汽温度减小，其影响正好相反。

6.10　第一级喷嘴面积变化

若由于固体颗粒侵蚀或其他侵蚀，导致第一级喷嘴面积变大，在相同的主蒸汽参数和调节阀开度下，主蒸汽流量将会增加。对于部分进汽的汽轮机，在低负荷时，第一级喷嘴的压降大于临界值，蒸汽流量与喷嘴面积成正比。然而，随着蒸汽流量的增加，第二级入口压力增加，导致第一级的压降低于临界值。当调节阀处于全开状态，喷嘴面积变化 1%，流量只变化 1%的一小部分，见图 6.6。

假定：部分进汽条件下，主蒸汽温度和压力保持不变。

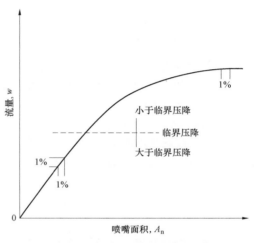

图 6.6　蒸汽流量与第一级喷嘴面积关系曲线

6.11　级出口压力变化

再热蒸汽参数改变或者非正常的抽汽流量所引起的级出口压力变化，会导致级的压比发生变化，式（6.3）和式（6.4）将不再适用。

对于第一级和末级之间的所有级，图 6.7 显示了级入口压力的变化与级出口压力的变化的关系。对于这些中间级，单独一级压降变化的百分数相对较小，允许使用不可压缩流体理论。对于不可压缩流体，γ 是一个非常大的数，因此

$$\left(\frac{\gamma+1}{\gamma}\right) \sim 1 \qquad \left(\frac{2}{\gamma}\right) \sim 0$$

相应的，式（6.1）可以简化为

$$w = 3600 C_q A_n \sqrt{\frac{2g(p_1 - p_2)}{v_1}} \qquad (6.6)^{*❶}$$

或利用状态方程 $p_1 v_1 = R T_1$，则

$$w = 3600 C_q A_n \sqrt{2g p_1 \frac{(p_1 - p_2)}{R T_1}} \qquad (6.7)^*$$

---

❶ 式（6.6）和式（6.7）的推导过程见 5.25（c）。

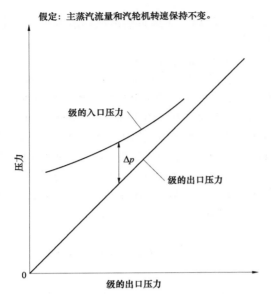

假定：主蒸汽流量和汽轮机转速保持不变。

图 6.7　中间级的级入口压力与级出口压力的关系

当级的流量保持不变而级的出口压力增加时，很重要的一点是，级的入口压力也会增加，只不过没有出口压力增加的那么快。

6.11.1　对于纯冲动级，喷嘴出口与动叶出口压力相同，即 $p_2=p_3$。假定级内流量保持不变，则下游压力变化引起上游压力的变化可以根据式（6.7）计算得到，公式如下：

$$C_q A_n \sqrt{\frac{2gp_1(p_1-p_3)}{RT_1}} = C_q A_n \sqrt{\frac{2gp_1'(p_1'-p_3')}{RT_1'}} \quad (6.8)$$

式中，带撇的符号表示级的下游压力改变后的状态，式（6.8）可以简化为

$$p_1(p_1-p_3) = p_1'(p_1'-p_3') \quad (6.9)$$

当级的下游压力增大 10%时

$$p_3' = 1.1p_3 \quad (6.10)$$

即

$$p_1(p_1-p_3) = p_1'(p_1'-1.1p_3) \quad (6.11)$$

或

$$1-\frac{p_3}{p_1} = \frac{p_1'}{p_1}\left(\frac{p_1'}{p_1}-\frac{1.1p_3}{p_1}\right) \quad (6.12)$$

假定级的压比 p_3/p_1 为 0.8，则

$$1-0.8 = \left(\frac{p_1'}{p_1}\right)^2 - \frac{1.1\times0.8p_1'}{p_1} \quad (6.13)$$

或

$$\left(\frac{p_1'}{p_1}\right)^2 - 0.88\frac{p_1'}{p_1} - 0.2 = 0 \quad (6.14)$$

求上述二次方程的正根得

$$\frac{p_1'}{p_1} = \frac{0.88+\sqrt{0.88^2+0.8}}{2} = 1.067 \quad (6.15)$$

因此，p_3 变化 10%，p_1 仅变化 6.7%。

同样，p_1 变化，即上一级出口压力变化，引起上一级入口压力变化。通过这种方式，某一级出口压力改变，将会对其上游所有级的压比产生影响，但是上游级距离该级越远，对其产生的影响越小。

举例来说，对于一个冲动式汽轮机，具有 8 个级的高压缸，当高压缸排汽压力增加 10%，每一级的出口压力变化见表 6.1：

表 6.1　　每一级的出口压力变化

级号	出口压力增加，%
8	10.0
7	6.7
6	4.5
5	3.0
4	2.0
3	1.3
2	0.9
1	0.6

因此，在这个例子中，第一级后的压力仅变化了 0.6%，对流量的变化影响很小。这也验证了这个假设，即高压缸排汽压力增加时，通过高压缸的流量保持不变。

对于典型的反动式汽轮机，相似的推导过程可以得到近乎相同的结果。

6.12　**温度、压力和流量关系的应用**

对于汽轮机第一级和后面所有的抽汽口，绘制 $w/\sqrt{p_1/v_1}$ 与进入后面级的流量之间的关系曲线，对于评价试验的一致性和准确性是非常有用的。这些图对于判断单个试验点的误差是非常有帮助的，任何偏离水平线的情况都表明有误差存在。

对于工作在湿蒸汽的汽轮机，由于水滴对蒸汽的阻力作用，表达式 $w/\sqrt{p_1/v_1}$ 会随蒸汽湿度的增加而减小。经验表明，这种现象可以用上述表达式除以 1 减去湿度的平方根来消除，公式如下：

$$\frac{w/\sqrt{p/v}}{\sqrt{1-M}}$$

汽轮机内机械状况发生任何变化，都会改变从某一级到后面一级的流量，也会改变这一级压力和流量的关系。对试验偏差的解释见 6.24～6.24.9，其中列出了汽轮机性能偏离参考值或设计值的一些典型原因。

6.13　**时序压力曲线的绘制**

选定汽轮机级或抽汽的绝对压力，绘制随时间变化的曲线是很有用的。除了可能在相应位置发生的由

于绝对温度变化引起比容小的变化外，这些曲线是基于蒸汽流量与级前压力、级组前压力或汽轮机缸体前压力成正比的关系进行绘制的。假定 v_1 和 T_1 不随流量变化发生显著变化，则由式（6.2）和式（6.4）可以看出这个关系。重要的是，在相同调节阀阀位下，最好是阀全开状态下，保持同样的热力循环系统配置，将所有的数据按照时间顺序绘制成曲线。热力循环系统的变化被认为是干扰因素，使得比较无效。然而，给水加热器性能较小的变化对压力与流量的关系影响很小。

6.13.1 图 6.8 是一个时序压力曲线的典型示例。曲线的纵坐标可作为各种被选的蒸汽压力，如级的压力或抽汽压力。试验期间得到的级的压力或抽汽压力，对偏离参考工况的情况，需要按照下述方法进行修正。

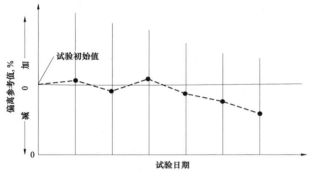

图 6.8　按照试验数据绘制的压力或出力时序曲线

6.13.2 对于再热汽轮机高压缸的第一级压力，或者非再热汽轮机的级压力或抽汽压力，试验期间得到数值宜利用下述公式修正至参考工况下

$$p_c = p_0 \times \frac{p_d}{p_t} \qquad (6.16)$$

式中　p_c——用于绘制曲线修正后的压力，psia；
　　　p_0——试验级压力或抽汽压力，psia；
　　　p_t——试验主蒸汽压力，psia；
　　　p_d——设计或参考工况主蒸汽压力，psia。

对于加热器的抽汽来自高压缸中间级的情况，测量得到的级压力或抽汽压力也宜按照上述公式进行修正。尽管理论上不太正确，但式（6.16）得到的结果非常接近。

6.13.3 对于汽轮机再热部分进口及下游各级或抽汽口，以及高压缸排汽的试验压力，由于主蒸汽温度和再热蒸汽温度变化，还需进行额外的修正，修正公式变为：

$$p_c = p_0（主蒸汽压力和主蒸汽温度修正）\times$$
$$（再热蒸汽温度修正）$$

或

$$p_c = p_0 \sqrt{\frac{p_d}{p_t} \times \frac{v_t}{v_d}} \times \sqrt{\frac{v_{dr}}{v_{tr}}} \qquad (6.17) \text{❶}$$

式中　v_d——设计或参考工况主蒸汽比容，ft³/lbm；
　　　v_t——试验主蒸汽比容，ft³/lbm；
　　　v_{tr}——再热主蒸汽门前试验温度和试验压力下的比容，ft³/lbm；
　　　v_{dr}——再热主蒸汽门前设计温度和试验压力下的比容，ft³/lbm。

6.13.4 级的压力偏离参考值或设计值的一些典型原因，参见图 6.9 和第 6.24～第 6.24.9 节的描述。除了主蒸汽流量可能变化的因素外，原因可能是其中的一个或几个的组合。

6.14　级压力与流量关系曲线的绘制

图 6.10 为级压力与流量关系曲线的一个例子，曲线的绘制基于以下原则：

纵坐标：各种选定的蒸汽压力，代表汽轮机级的压力或抽汽压力，例如第一级压力，再热汽轮机进汽室（或再热蒸汽入口）压力和连通管压力。试验期间测量的级的压力或抽汽压力，宜按照 6.13.2 和 6.13.3 给出的方法进行修正。

横坐标：修正至参考或设计工况下的主蒸汽流量，即

$$w_c = w_t \sqrt{\frac{p_d}{p_t} \times \frac{v_t}{v_d}} \qquad (6.18)$$

式中　w_c——修正后的主蒸汽流量，kg/h；
　　　w_t——试验主蒸汽流量，kg/h。
公式中的其他参数定义见 6.13.2 和 6.13.3。

6.15　汽轮机缸效率

在本报告中，缸效率是指从汽轮机进汽到排汽的汽轮机整体效率，计算见图 5.3 所示。因此，缸效率考虑了汽轮机入口损失和级效率。

6.16　级效率

理解单个级的性能是分析整个汽轮机性能的基础。单个级的蒸汽流道如图 6.1 所示。喷嘴前或静叶前的压力用 p_1 表示，喷嘴与动叶之间的压力用 p_2 表示，动叶出口压力用 p_3 表示。当蒸汽通过喷嘴，其流速会增加，流向会改变。蒸汽流经动叶，其流向会发生改变。动叶的相对速度的变化量取决于级的设计。p_2 和 p_3 之间的关系决定了级反动度的大小；也就是说，如果 p_2 等于 p_3，则该级为冲动式设计，如果 p_2 大于 p_3，则该级为反动式设计。反动度的百分数取决于蒸汽流经动叶的压降。

---

❶ 式（6.17）的推导过程见 5.25（d）。

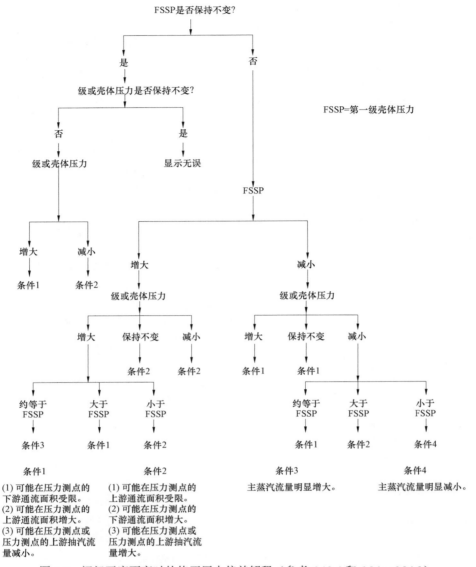

图 6.9　阀门开度不变时的修正压力偏差解释（参考 6.13.4 和 6.24～6.24.9）

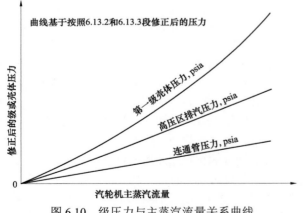

图 6.10　级压力与主蒸汽流量关系曲线

6.16.1　在图 6.1 中，喷嘴蒸汽出口速度用 v_1 表示，为了确定相对于动叶的入口蒸汽的方向和速度大小，需要从速度矢量 v_1 中减去表示动叶圆周速度矢量 v_w。汽流进入动叶的速度用 v_2 表示。从图 6.1 可以看出，v_2 相对于轴向的夹角比 v_1 要小。由于动能随速度平方

的变化而改变，因此，蒸汽进入动叶的动能比离开喷嘴时的动能小。对于纯冲动级的设计，进入动叶的动能大约是离开喷嘴动能的四分之一。对于反动级的设计，进入动叶的动能占离开喷嘴动能的较大一部分，由于反动级的压降在动叶和静叶平均分配，因此其动能反而要比纯冲动式的动能小。动叶出口速度用 v_3 表示，为了得到汽流离开级的绝对速度 v_4，同样需要从 v_3 中减去圆周速度矢量。级的设计就是要求尽可能保持 v_4 的方向为轴向。为了使汽流离开级的动能达到最小，就是要将其在动叶中的做功最大化。

6.16.2　虽然汽轮机定速运行是一个特有的运行方式，但是，考虑单个级的特性随圆周速度变化有助于了解汽轮机特性的变化。如果圆周速度减小，v_2 会增大，蒸汽进入动叶栅的角度会偏离设计值，这将会引起汽流经过动叶栅时损失的增加。同样，当圆周速度减小，v_4 也会增大，将会引起余速损失的增大。如果圆周速度增大，汽流进入动叶栅的角度也会发生改

变，同样会增大余速损失。单个级的级效率与圆周速度的关系如图6.11所示。可以看出，在设计点附近曲线比较平缓，当圆周速度有一个小的变化，级效率也会发生一个相对小的变化。当汽轮机其他参数变化时，可以应用类似的推理进行分析。

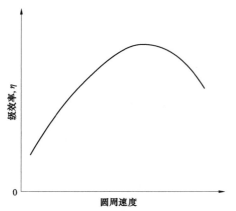

图6.11　单级效率与圆周速度的关系曲线

6.17　高压缸效率

部分进汽的高压缸效率随流量变化的关系曲线，如图6.12所示。

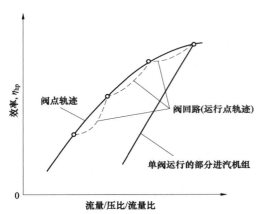

图6.12　部分进汽汽轮机（高压缸效率与流量或压力的关系曲线）

阀点之间（即阀回路）的效率要低于阀点轨迹上的效率，主要是因为汽流通过一个或多个调节阀限流所带来的节流损失。当负荷减小时，因为一大部分流量被节流了，阀回路对效率的影响逐步变大。第一级是唯一一个喷嘴面积可以改变的级。当汽轮机在阀全开状态下运行时，第一级的压比约为0.8，这时流量最大。通常作为最大的期望流量。当一个调节阀关闭，汽流经此阀门进入第一级的面积会减小，因此，总流量也会减小。由于流量减小，第一级的压比会减小，会增大理论蒸汽速度（v_0），因此，圆周速度与汽流速度的比值会减小。这将导致汽流进入动叶的入口角度偏离设计值，余速损失增大，同时，伴随着效率的下降。

6.17.1　当调节阀依次关闭时，高压缸其余各级的性

能变化不大，因为随着流量的减小，进入第二级的压力减小，同样进入第三级的压力也会减小，导致第二级的压比基本保持不变。同样的原理可以应用于高压缸其他各级，因此，其他各级的效率大体保持不变。

6.17.2　对于全周进汽的高压缸，当主蒸汽压力保持不变时，高压缸效率随流量变化关系曲线见图6.13。当流量变化时，各级压比保持不变，级效率基本保持不变。当调节阀关小减小流量，调节阀的节流损失增大。节流损失导致效率的下降随流量的减小几乎是线性关系。对于全周进汽的汽轮机，有时在全负荷范围运行时，阀门均处于全开状态，流量的控制依靠锅炉压力的变化来实现。在这种滑压运行方式下，消除了节流损失，高压缸效率与压比一样，基本保持不变。

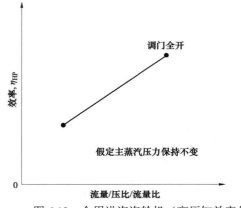

图6.13　全周进汽汽轮机（高压缸效率与流量或压力的关系曲线）

6.18　中压缸效率

由于中压缸内各级的压比保持不变，进而圆周速度与汽流速度的比值也不变，因此，中压缸内各级的效率不随流量的变化而改变。见5.6和6.24.7描述。

6.19　低压缸效率

低压缸效率随排汽容积流量或排汽速度的变化关系曲线，如图6.14所示。或者排汽质量流量或者排汽压力的变化，都会导致排汽速度和排汽容积流量发生改变，这条曲线对两种情况均适用。此外，余速损

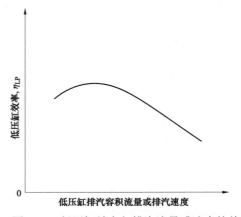

图6.14　低压缸效率与排汽流量或速度的关系曲线

失变化和不合适的动叶入口角所带来的损失，都会导致效率发生变化。

对于核电厂运行的低压缸，将多余的水分从蒸汽中去除是很重要的，低压缸效率不能正确反映其性能。越有效的去除水分会导致越低的整体效率，这是一个矛盾。因此，在这种情况下，低压缸性能推荐采用有效度[1]，ε 来表示，公式如下：

$$\varepsilon = \frac{\Delta h}{\Delta h + T_0 \Delta S} \qquad (6.19)$$

式中 Δh——蒸汽流过低压缸各级实际做功之和，Btu/1bm；

ΔS——上面公式中，对应于 Δh 的熵增之和，Btu/1bm·°R；

T_0——对应于低压缸排汽压力下的饱和温度的绝对温度，°R。

有效效率的物理定义在图 6.15 中进行了说明。有效效率宜绘制成对排汽容积流量或排汽环面速度的曲线，用以与期望值或其他性能进行比较。

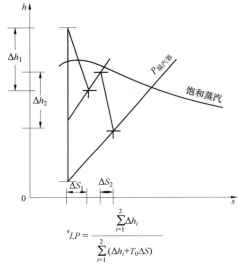

$$\epsilon_{LP} = \frac{\sum\limits_{i=1}^{2} \Delta h_i}{\sum\limits_{i=1}^{2}(\Delta h_i + T_0 \Delta S)}$$

图 6.15 低压缸有效度的说明

6.20 焓降效率曲线的应用

根据周期性试验获得的汽轮机焓降效率可以绘制出时序曲线。在绘制这一曲线时，有以下几点建议：

（a）对于采用调节阀来调节流量的高压缸，表征高压缸效率的最佳压比是第一级压力与主蒸汽压力之比。此外，高压缸效率也可以绘制成与高压缸排汽压力与主蒸汽压力之比的关系曲线。用于绘制时序曲线的缸效率试验应始终在同一调节阀开度下进行，以避免如图 6.12 和图 6.13 所示的差异。

（b）对于不采用调节阀控制流量的汽缸，如直接

---

[1] 有效度的概念在"A Steam Chart for Second Law Analysis"，机械工程，第 54 卷，1932，p195–205，由 J.H. Keenan 提出，在一些热力学文献中参考使用。

与再热蒸汽连接的中压缸，或者采用滑压运行的高压缸，其缸效率在全负荷范围内相对恒定，上述（a）中的要求不再适用。

6.20.1 焓降效率曲线可以在整个汽轮机运行负荷内进行绘制。例如根据一组试验来绘制曲线，这将有助于汽轮机性能的分析。这些效率可绘制成与压比、某些级的压力或者流量比的关系，这些都作为曲线的横坐标。典型部分进汽的高压缸效率曲线见图 6.12 所示。在主蒸汽压力不变时，全周进汽的高压缸效率曲线见图 6.13。基于以下几点来绘制曲线：

纵坐标：焓降效率，焓降效率的计算方法见 5.3 和 6.15。

横坐标：为了全面进行比较，采用绝对压力。

（a）压比 $p_{first stage} / p_{throttle}$ 是高压缸第一级压力与主蒸汽压力的比值，这个比值是不同试验进行比较的最佳基准。

（b）压比 $p_{exit} / p_{throttle}$ 是高压缸排汽压力与主蒸汽压力的比值。在满负荷下，因为它与高压比有关，因此，主蒸汽温度和再热蒸汽温度变化对高压缸效率并没有很大的影响。在低负荷时，温度变化对效率的影响更大，但并不明显。

（c）高压缸第一级压力修正至标准主蒸汽参数下。

（d）修正至标准主蒸汽和再热蒸汽参数下的再热汽缸入口腔室压力，可以作为中压缸效率与再热入口压力曲线的横坐标。

（e）将试验主蒸汽流量修正至参考或设计参数下并除以阀全开工况下的主蒸汽流量。这个流量比值作为横坐标。试验主蒸汽流量应对偏离参考工况或设计工况进行修正，乘以如下系数

$$系数 = \sqrt{\frac{p_d}{p_t} \times \frac{v_t}{v_d}} \qquad (6.20)$$

式中 p_d——设计主蒸汽压力，psia；

p_t——试验主蒸汽压力，psia；

v_d——设计主蒸汽比容，ft³/lbm；

v_t——试验主蒸汽比容，ft³/lbm。

6.20.2 汽轮机的缸效率可能会由于下列原因偏离正常的参考值。

（a）由于低负荷比满负荷时缸效率下降较多，试验高压效率曲线斜率与参考值发生偏离，这反映出汽轮机调节级性能的下降。

（b）由于大量的汽封损坏，叶片的结垢和叶片损坏，都会导致试验缸效率的总体下降。

更多的说明请参考 6.24～6.24.9。

6.21 汽轮机能力工况测试

按照时序绘制的汽轮机能力工况试验结果，有助于发现汽轮机性能的下降。通常这些曲线具有重要的历史价值，不仅用于汽轮机性能诊断，同时也将汽轮

机性能与其他电厂的运行经验结合起来。汽轮机初次运行期间的试验结果作为评价其性能的基准。在汽轮机检修前后立即绘制试验曲线，对于反映汽轮机性能的变化是很有价值的。

6.21.1 对于一系列能力工况试验，按照时序绘制曲线，典型曲线如图 6.8 所示。曲线的绘制基于以下原则：

纵坐标：汽轮机出力相对于参考值变化的百分数。实测出力应对主蒸汽、再热蒸汽、排汽参数偏离设计参数的情况进行修正。实测出力还应根据本规程相关章节提到的内容，对影响出力的其他参数进行修正。

横坐标：通常使用试验日期作为输入点的日历刻度表。观察次数和试验间隔时间均取决于试验人员的判断。

6.21.2 在汽轮机内部检修期间，如果损坏的第一级喷组被替换或修复，若喷嘴面积减小，将会导致通流能力下降，可能会降低出力，低于以前达到的水平，见 6.24.1（c）。有关机组出力降低重要性的详细说明，参见 6.24～6.24.9。

6.22 汽封和漏汽的流量及温度

按照时序绘制的汽封和漏汽的流量及温度曲线，对于判断汽封、密封件、平衡活塞、调节阀门杆衬套及其他部件的物理状态是非常有用的。在一个简单的试验中，只要汽封和漏汽由汽缸漏至外部，并且可以安装流量装置进行测量，那么其流量就可以很容易地确定。通常，这些流量只占进入汽轮机能量的一小部分，根据经验，在出现汽轮机性能显著下降之前，漏汽量会大幅增加。当汽封和漏汽至抽汽管道，特别是漏至过热蒸汽管道，混合点下游的蒸汽温度对于判断漏汽量的大小是很有用的指标，漏汽量可通过围绕混合点的热平衡计算得到。对于流量或温度变化的重要性，参见 6.24～6.24.9。

6.23 周期性热耗率试验

在规定阀阀开度下进行的热耗率试验，可以按照时序绘制汽轮机性能的变化趋势。热耗率值（单位为 Btu/hp–hr 或 Btu/kWhr）或与参考值的差值均可适用。任何偏离参考主蒸汽参数、再热蒸汽参数、排汽压力和回热系统特性的情况，均需进行修正。宜根据需要参考本报告的相关章节。

6.23.1 汽轮机汽耗率（单位为 lbm/hp–hr 或 lbm/kWhr）采用曲线的形式给出更为方便。对于给定的调节阀开度和抽汽阀开度，汽耗率数据可以按照时序进行绘制。对于不同的汽轮机出力，汽耗率可以绘制成与出力，蒸汽流量或其他可选变量的函数关系曲线。汽耗率应修正至参考工况或设计工况下，修正曲线可以使用汽轮机制造商提供的合理的曲线，也可以采用验收试验得到的曲线。汽耗率曲线的绘制和解释宜遵

循本报告对这些曲线的一般性建议。

6.24 汽轮机性能偏离参考值或设计值常见的原因

在汽轮机进行检修以处理内部损坏及结垢前，所有外部条件应该仔细核查，以确保汽轮机性能偏离参考值并非是由于外部条件引起的，例如，热力系统不正常，包括阀门泄漏、系统隔离问题、不够准确的测试仪表、观测值和（或）计算。

6.24.1 机械状况的变化可能会导致汽轮机进汽面积发生变化，例如：

（a）第一级叶片损坏导致通流面积部分堵塞，将会减小进入汽轮机的流量。

（b）调节阀或调节系统损坏或失调。

（1）由于部件断裂，调节阀可能无法操作；

（2）检修后由于控制装置不正确的装配或调整，导致调节阀可能无法以正确的顺序运行，或正确升降，任意一种情况都会在全负荷范围内限制进汽量或增大节流。

（c）第一级喷嘴磨损，会导致进汽面积变大，蒸汽流量和出力增加。

6.24.2 由于抽汽量需求变化，蒸汽或水进出汽轮机循环，都会引起热力循环发生改变。热力循环引起汽轮机性能偏离参考值大小似乎保持在一个恒定的百分数。

6.24.3 内部汽封的机械故障，导致蒸汽泄漏量的增加。可能在异常运行期间突然发生，或者在相对较长运行期间发生。这种类型的故障通常会导致级的蒸汽压力下降。与事故有关的损害，表现为性能水平会突然偏离参考值。发生在高压缸内汽封间隙控制故障的危害比发生在低压缸内更加严重，因此，低压缸汽封与轴的碰磨对性能的影响比其他汽缸的影响要小。

6.24.4 叶片结垢导致通流面积减小，常常引起汽轮机抽汽压力或级的压力升高，并伴随着性能的下降。宜与汽轮机制造商进行探讨叶片清洗技术。清洗前后立即仔细地获取数据，这些数据将反映清洗程序的有效性。

结垢量可能使缸效率下降 1～3 个百分点，通常会导致级的压力升高 0.25%～0.75%。因此，在进行这些压力测量时应特别小心。

6.24.5 蒸汽泄漏量增加常常会导致高品位的蒸汽旁路至汽轮机的低压部分。高压汽封和蒸汽泄漏可能会旁路再热器，因此不能获得再热带来的热力学优势。这体现在任何给定的阀位下，汽轮机出力的下降。

6.24.6 配置过载阀的汽轮机，过载阀泄漏使得高品位的蒸汽旁路至某个汽轮机级，会导致汽轮机热耗率和汽耗率的增加。

6.24.7 由于结垢或内部故障，引起汽轮机中压缸性能的变化，缸效率下降值在低负荷时与高负荷时是相同的，同时会降低机组的整体出力。汽轮机中压缸效率的下降对机组热耗率的影响，见第九章，9.8（c）

节。在某些机组中，从高压缸到中压缸蒸汽泄漏量的增加会导致中压缸效率虚假升高，实际上真实的中压缸效率根本没有改善。

6.24.8 汽轮机低压缸叶片的损坏或缺失，通常不能通过焓降试验来发现。根据损坏程度，这可能会出现在级的压力、出力、热耗率和整体性能等方面的偏离。

6.24.9 由于阀门结垢，调节阀阀杆间隙可能会减小，因此，阀杆漏汽量可能会比预期的小。

6.25 公式推导

（a）式（6.21）的推导。

对于稳态流体，喷嘴中的通用能量公式如下

$$\frac{V_1^2}{2gJ} + h_1 = \frac{V_2^2}{2gJ} + h_2 \qquad (6.21a)$$

在 $V_1 \ll V_2$ 情况下，或 V_1 小的可以忽略不计，$V_1/2gJ$ 约等于 0，即

$$V_2^2 = 2gJ(h_1 - h_2) \qquad (6.12b)$$

对于光滑的喷嘴

$$h_1 - h_2 = -\int_1^2 v dp = C_p(T_1 - T_2) \qquad (6.21c)$$

根据理想气体的状态方程

$$pv = RT \qquad (6.21d)$$

对于绝热过程

$$pv^\gamma = 常数 \qquad (6.21e)$$

合并式（6.1d）和式（6.1e）

$$Tv^{\gamma-1} = \frac{T}{p^{\left(\frac{\gamma-1}{\gamma}\right)}} = 常数$$

因此

$$C_p = \frac{\gamma}{\gamma-1}R$$

式（6.1b）变为

$$V_2^2 = 2gJ(h_1 - h_2) = \frac{2g\gamma}{\gamma-1}RT_1\left[1 - \left(\frac{p_2}{p_1}\right)^{\frac{\gamma-1}{\gamma}}\right] \qquad (6.21f)$$

或

$$V_2 = \sqrt{2gRT_1\frac{\gamma-1}{\gamma}\left[1 - \left(\frac{p_2}{p_1}\right)^{\frac{\gamma-1}{\gamma}}\right]} \qquad (6.21g)$$

根据连续以上公式，得

$$W = \frac{VA_n}{V_2} \times 3600 \qquad (6.21h)$$

得到

$$v_2 = v_1\left(\frac{p_1}{p_2}\right)^{\frac{1}{\gamma}} = \frac{RT_1}{p_1}\left(\frac{p_1}{p_2}\right)^{\frac{1}{\gamma}} \qquad (6.21i)$$

流量公式可以写为

$$W = 3600A_n\frac{p_1}{RT_1}\left(\frac{p_1}{p_2}\right)^{\frac{1}{\gamma}}V_2$$

$$= 3600A_n p_1\sqrt{\frac{2g\gamma}{\gamma-1}RT_1\left[\left(\frac{p_2}{p_1}\right)^{\frac{2}{\gamma}} - \left(\frac{p_2}{p_1}\right)^{\frac{\gamma-1}{\gamma}}\right]}$$

$$= 3600A_n p_1\sqrt{\frac{2g\gamma}{\gamma-1}\frac{1}{p_1 v_1}\left[\left(\frac{p_2}{p_1}\right)^{\frac{2}{\gamma}} - \left(\frac{p_2}{p_1}\right)^{\frac{\gamma-1}{\gamma}}\right]}$$

$$= 3600A_n\sqrt{\frac{2g\gamma}{\gamma-1}\frac{p_1}{v_1}\left[\left(\frac{p_2}{p_1}\right)^{\frac{2}{\gamma}} - \left(\frac{p_2}{p_1}\right)^{\frac{\gamma-1}{\gamma}}\right]} \qquad (6.21j)$$

式（6.21j）代表等熵状态下的流量，对于实际流量，采用喷嘴流出系数 C_q，因此

$$W = (3600(C_q)(A_n) \times$$

$$\sqrt{(2g)\left(\frac{\gamma}{\gamma-1}\right)\left(\frac{p_1}{v_1}\right)\left[\left(\frac{p_2}{p_1}\right)^{\frac{2}{\gamma}} - \left(\frac{p_2}{p_1}\right)^{\frac{\gamma+1}{\gamma}}\right]}$$

$$(6.22)$$

（b）式（6.23）的推导过程。

喷嘴的最大流量为

$$W_{max} = (3600)(C_q)(A_n) \times$$

$$\sqrt{(2g)\left(\frac{\gamma}{\gamma-1}\right)\left(\frac{p_1}{v_1}\right)\left[\left(\frac{p_2}{p_1}\right)^{\frac{2}{\gamma}} - \left(\frac{p_2}{p_1}\right)^{\frac{\gamma+1}{\gamma}}\right]_{max}}$$

上式通过对 p_2/p_1 求导，并将导数设置为 0，就可以得到最大值，因此

$$\frac{d\left[\left(\frac{p_2}{p_1}\right)^{\frac{2}{\gamma}} - \left(\frac{p_2}{p_1}\right)^{\frac{\gamma+1}{\gamma}}\right]}{d\left(\frac{p_2}{p_1}\right)} = \frac{2}{\gamma}\left(\frac{p_2}{p_1}\right)^{\frac{2}{\gamma}-1} - \frac{\gamma+1}{\gamma}\left(\frac{p_2}{p_1}\right)^{\frac{\gamma+1}{\gamma}-1} = 0$$

$$\left(\frac{p_2}{p_1}\right)_{critical} = \left(\frac{2}{\gamma+1}\right)^{\frac{\gamma}{\gamma-1}} \qquad (6.23)$$

（c）式（6.24）和式（6.25）的推导过程。

对于绝热过程，$pv^\gamma = 常数$，对 v 进行求导，

$$\frac{d}{dv}(pv^\gamma) = 0$$

$$p\gamma v^{\gamma-1} + v^\gamma\frac{dp}{dv} = 0$$

$$\frac{dp}{dv} = -\gamma\frac{p}{v}$$

$$-\frac{dp}{\left(\frac{dv}{p}\right)} = \gamma p$$

式中 $-\dfrac{\mathrm{d}p}{\left(\dfrac{\mathrm{d}v}{p}\right)}$ 为压缩系数，对于不可压缩流体

$$\frac{\mathrm{d}v}{p}\approx 0 \quad \gamma\approx\infty$$

因此，$\dfrac{\gamma+1}{\gamma}\approx 1$，$\dfrac{2}{\gamma}\approx 0$，$\dfrac{\gamma}{\gamma-1}\approx 1$

所以，式（6.1）变为

$$w=3600C_q A_n\sqrt{(2g)(1)\left(\frac{p_1}{v_1}\right)\left(1-\frac{p_2}{p_1}\right)}\tag{6.24}$$
$$=3600C_q A_n\sqrt{\frac{2g(p_1-p_2)}{v_1}}$$

由于 $p_1 v_1=RT_1$

$$w=3600C_q A_n\sqrt{2gp_1\frac{2g(p_1-p_2)}{RT_1}}\tag{6.25}$$

（d）式（6.17）的推导过程。

w_c 为修正后的主汽流量；

w_t 为试验主蒸汽流量；

T 为绝对温度；

p_d 为设计主蒸汽压力；

p_t 为试验主蒸汽压力；

p_O 为试验再热蒸汽压力；

p_c 为用于绘制曲线的修正后的再热蒸汽压力；

v_d 为设计主蒸汽比容；

v_t 为试验主蒸汽比容；

v_{dr} 为在设计再热蒸汽温度试验再热蒸汽压力下的设计再热蒸汽比容；

v_{tr} 为试验再热蒸汽比容；

v_{cr} 为修正后的再热蒸汽比容。

汽流通过汽轮机某一级的压比为常数，公式如下

$$w=K\sqrt{p/v}\tag{6.26a}$$

将此公式应用到节流状态

$$\frac{w_c}{w_t}=\sqrt{\frac{p_d v_t}{p_t v_d}}\tag{6.26b}$$

此公式对于再热蒸汽流量也是适用的。对于再热蒸汽温度不变的情况，公式可写成

$$w=K\sqrt{\frac{p}{v}}=K\sqrt{\frac{p^2}{pv}}\tag{6.26c}$$

由于 $pv=RT=$ 常数 （再热蒸汽温度不变）

$$w=K\sqrt{\frac{p^2}{pv}}=K_1 p$$

$$K_1=\frac{K}{\sqrt{pv}}\tag{6.26d}$$

合并式（6.26b）和式（6.26d），对于主汽参数偏离设计值，对再热蒸汽压力的修正公式如下：

$$p_c=p_0\sqrt{\frac{p_d v_t}{p_t v_d}}\tag{6.26e}$$

为了对再热蒸汽温度偏差进行修正，对于再热蒸汽流量不变时，应用式（6.26a），即 $w_c=w_t$

$$\frac{w_c}{w_t}=\frac{K\sqrt{\dfrac{p_c}{v_{cr}}}}{K\sqrt{\dfrac{p_0}{v_{tr}}}}=1$$

或

$$\frac{p_c}{v_{cr}}=\frac{p_\theta}{v_{tr}}\tag{6.26f}$$

然而，由于 v_{cr} 是一个未知量，式（6.26f）求解非常复杂。为了避免这种情况，引入一个新参数 v_{dr}，表示在设计再热蒸汽温度和试验再热蒸汽压力下的比容。此参数下的状态公式为

$$p_0 v_{dr}=RT_d\tag{6.26g}$$

同样，对于修正参数下的状态公式为

$$p_c v_{cr}=RT_d\tag{6.26h}$$

式（6.26g）除以式（6.26h），

$$\frac{p_0 v_{dr}}{p_c v_{cr}}=1\tag{6.26i}$$

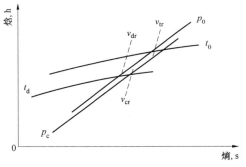

图 6.16 v_{dr}，v_{tr} 和 v_{cr} 之间的关系

合并式（6.26f）和式（6.26i）。

$$\frac{p_0 v_{dr}}{p_0\left(\dfrac{v_{cr}}{v_{tr}}\right)v_{cr}}=1\tag{6.26j}$$

可简化为

$$v_{cr}=\sqrt{v_{dr}v_{tr}}\tag{6.26k}$$

将式（6.26k）代入式（6.26f）

$$p_c=p_0\frac{\sqrt{v_{dr}v_{tr}}}{v_{tr}}=p_0\sqrt{\frac{v_{dr}}{v_{tr}}}$$

合并式（6.26e）和式（6.26f），得到总修正如下

$$p_c=p_0\sqrt{\frac{p_d v_t}{p_t v_d}}\sqrt{\frac{v_{dr}}{v_{tr}}}\tag{6.27}$$

7 过热进汽参数的无抽汽凝汽式汽轮机试验

7.1 简介

（a） 对于无抽汽凝汽式汽轮机的常规性能监测，推荐采用汽耗率试验。

（b） 下面给出了对于推荐试验所采用的试验方案和仪表。当被驱动设备为发电机时，由推荐试验方案和仪表得到的试验结果，重复性在±0.5%范围内（见 7.8 试验结果偏差，3.8 和 4.4.1 至 4.4.5 关于试验重复性的补充讨论）。对于机械驱动的汽轮机试验结果的重复性，依赖于被驱动设备的类型和输出的测量方法。

（c） 本章推荐的性能试验需要三名试验人员，包括一名试验主管。

7.2 仪表要求

（a） 对于进汽压力，进汽温度，第一级压力，排汽压力，输出功率、电功率或机械功率，凝结水流量，凝结水温度，这些主要参数的测量推荐采用特殊的试验仪器。

测量主要参数所采用的仪器需具有足够的精度，如果遵守第四章所推荐的要求，试验结果重复性可达到 7.1（b）给出的范围。

（1） 压力，见 4.5。

（2） 温度，见 4.6。

（3） 凝结水流量，见 4.41～4.43。根据 PTC6—1976 中 4.2 推荐，也可以采用称重水箱和容积水箱进行测量。

（4） 输出功率。

　　a）电功率，见 4.2；

　　b）机械功率，见 4.3。

（5） 辅助流量，见 4.4.8。

（6） 泄漏量，见 4.9。

（7） 储水箱水量变化，见 4.9。从已知的参考点进行水位测量，测量精度约 1/8in。

（b） 对于制造厂数据的使用，见 4.11。

7.3 仪表测量位置

图 7.1 给出了用于测量主要参数和辅助参数仪表的位置。图中也给出了根据制造厂数据估计的项目。

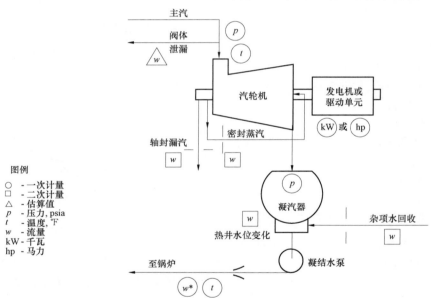

图 7.1　仪表位置

*注：该点流量可能是通过喷嘴（如图所示），孔板或者测量质量或者体积的水罐（见 7.2 节）进行测量的。

7.4 系统隔离程序

具体内容见 3.2.1～3.2.7。

7.5 试验执行

对于有多个调节阀门的汽轮机，试验宜在阀点下进行（见 5.1）。通常试验宜依据 3.4 方法执行。汽轮机汽耗率试验持续时间 2 个小时。

7.6 试验结果计算

（a） 数据整理和计算。应检查原始数据的一致性和可靠性。数据整理和计算技术的指导原则宜参照 3.5 内容。

（b） 汽耗率公式如下，单位为 lbm/hp–hr 或

lbm/kWhr，在第二章中给出了术语的解释。

$$汽耗率 = w_1 / p_g$$

（c） 试验的修正系数。修正系数可以从制造厂的数据得到，以除数的形式表示，或者从以前的试验得到，用来在主蒸汽压力、主蒸汽温度和排汽压力偏离设计值时，对汽耗率和出力进行修正。

（d） 数据图和趋势解读。推荐绘制时序曲线，有助于分析试验数据，具体内容参考第六章。在相同的阀点下，修正后的汽耗率变大预示着汽轮机性能的恶化。可能的原因见 6.24。

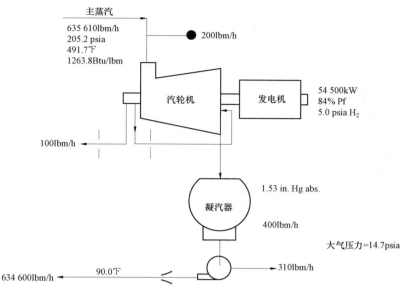

7.7 算例

设计条件:

主蒸汽压力	185psig
主蒸汽温度	500℉
排汽压力	1.5in. Hg abs.
氢压	0.5psia
功率因数	0.8

设计汽耗率:

11.63lbm/kWhr(是根据修正后的电功率在阀点回路曲线上得到的)。

主蒸汽流量计算:

测量凝结水流量	634 600lbm/hr
热井水位增加流量	400lbm/hr
凝泵密封水泄漏量	310lbm/hr

阀杆泄漏量　　　　　　　　　200lbm/hr

轴封漏汽量　　　　　　　　　100lbm/hr

主蒸汽总流量　　　　　　635 610lbm/hr

修正至设计条件下的发电机输出功率:

测量发电机输出功率　　　　54 500kW

功率因数为 0.84,氢压为 0.5psig 时,发电机
损失　　　　　　　　　626kW[*][❶]

氢压为 5psig 时的附加损失　　17kW[*]

试验条件下,发电机总损失是发电机损失加上
附加损失　　　　　　　　　643kW

设计条件下,功率因数为 0.8,氢压为 0.5psig 时
的发电机损失　　　　　　657kW[*]

修正后的发电机出力=54 500+643−657= 54 486kW

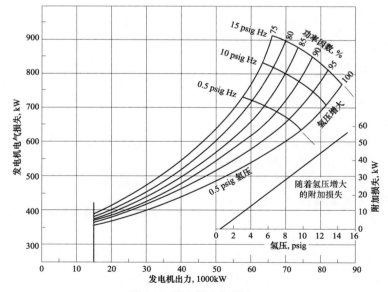

图 7.2　发电机电气损失

---

❶ [*]表示由图 7.2 查得。

试验汽耗率为

$$汽耗率 = \frac{主蒸汽流量}{修正后的发电机出力}$$

$$= \frac{63\,5610}{54\,486} = 11.67\,\text{lbm/kWhr}$$

对于偏离设计条件的修正为

$$流量修正系数 = \sqrt{\frac{p_s}{p_t} \times \frac{v_t}{v_s}}$$

式中　p——压力，psia；

　　　v——比容，ft^3/lbm。

注：下标：s 为设计条件下；t 为试验条件下。

$$= \sqrt{\frac{199.7}{205.2} \times \frac{2.624}{2.729}} = 0.9673$$

修正后的主蒸汽流量$=0.967\,3 \times 635\,610=$
$614\,826\,\text{lbm/hr}$（$278\,880\,\text{kg/h}$）

汽耗率修正系数：

（来自制造厂修正曲线）

	变化百分数	除法修正系数
主蒸汽压力	−0.17	0.998 3
主蒸汽温度	0.78	1.007 8
排汽压力	0.10	1.001 0
总修正系数		1.007 1

$$修正后的汽耗率 = \frac{试验汽耗率}{总修正系数}$$

$$= \frac{11.67}{1.007\,1}$$

$$= 11.59\,\text{lbm/kWh}（5.257\,\text{kg/kWh}）$$

修正至设计条件下的发电机输出功率

$$修正后的出力 = \frac{修正后的主汽流量}{修正后的汽耗率}$$

$$= \frac{614\,826}{11.59} = 53\,048\,\text{kW}$$

修正后汽耗率与设计值的比较，

$$变化的百分数 = \frac{11.63 - 11.59}{11.63} \times 100\%$$

$$= 0.34\%\,优于设计值$$

7.8　预期重复性的估算

（a）在 7.1 中给出的重复性数值是由 7.2 中所推荐仪表的不确定度和参照算例中给出的修正曲线推导出来的。

（b）每个变量的测量不确定度在 ASME PTC 6 Report—1985 中给出，见表 7.1。

（c）修正后汽耗率的不确定度

（1）主蒸汽流量的不确定度为凝结水流量、泄漏量和热井储水量变化不确定度平方和的平方根。

$$不确定度 = \sqrt{(5204)^2 + 61^2 + 4.6^2}$$

$$= \pm 5204\,\text{lbm/h}\,或 \pm 0.85\%$$

（2）采用指定仪器测量输出功率的不确定度为

表 7.1

变量	仪　表	不确定度，±
凝结水流量	喉部取压喷嘴，安装前校验，试验前、后进行检查（$U_B = 0.35$），直径比 $\beta = 0.5$（$U_\beta = 0.0$），上游 10 倍直管段（$U_{LS1} = 0.4$），16 个孔整流装置（$U_{LS2} = 0.36$），下游 4 倍的直管段（$U_{DSL} = 0.51$）	0.82%
主蒸汽压力	中等精度变送器，实验室校准	0.1%
主蒸汽温度	试验热电偶，单独的测试补偿导线，由二级标准校准，与±0.05%精度的电位差计一起使用	3℉
排汽压力	根据规程 4.9.2 和 4.9.3 要求，每 64 平方英尺布置一个网笼探头，并采用变送器测量	0.1 in. Hg
输出功率	有校验曲线的互感器，负载的伏安和功率因数可用。具有高精度数字输出的三相电能表，试验前进行校准	CT=0.1% PT=0.3% 0.15%
轴封漏汽量和泄漏量	估计值	61lbm/hr
热井储水量变化[直径 3ft（0.914m）]	水位刻度±1/8in	4.6lbm/hr

CT、PT 和瓦特表不确定度平方和的平方根。

$$不确定度 = \sqrt{0.10^2 + 0.30^2 + 0.15^2} = \pm 0.35\%$$

（3）修正后电功率的不确定度为测量发电机输出功率和对规定的发电机损失修正不确定度的平方和的平方根。假定功率因数的不确定度和电功率测量的不确定度相同，并且假定氢压的测量采用校验过的 8in 的波登管压力计。

$$不确定度 = \sqrt{190.75^2 + 2.19^2 + 1.13^2}$$

$$= \pm 190.8\,\text{kW}\,或 \pm 0.35\%$$

（4）修正后汽耗率的不确定度为主蒸汽流量、修正后输出功率以及对主蒸汽温度、主蒸汽压力和排汽压力修正系数不确定度的平方和的平方根。

$$不确定度 = \sqrt{0.85^2 + 0.35^2 + 0.057^2 + 0.272^2 + 0.4^2}$$

$$= \pm 1.04\%$$

将不确定度的一半作为试验的重复性，即 0.52%。

8　过热进汽参数的回热凝汽式汽轮机试验

8.1　简介

（a）对这种类型汽轮机经常性的定期常规性能试验，推荐最大出力工况试验。当该试验反映出汽轮机性能发生变化时，有必要再进行一个简化的热耗率试验以诊断其原因。

（b）对这种类型汽轮机的定期常规性能检查，推荐简化的热耗率试验。当发现性能有变化，需额外增加测量参数以判断引起这种变化的原因。这些额外的测量包括所有级的压力数据、轴封漏汽量数据和加热器端差。

（c）推荐的试验方案，仪表要求，以及测量具有足够精度主要参数的读数频率和试验持续时间，使得每天进行的最大出力试验结果的可重复性在±0.5%*范围内。同样，简化热耗率试验结果的重复性应该控制在±0.5%*范围内（见 3.8.3 和 4.4.1～4.4.5 有关在较长时间内影响预期重复性的因素）。

（d）据估计，推荐试验最少需要四位试验人员和一位试验主管。如果需要超出了热耗率试验所需的额外数据，则可能需要增加更多的试验人员。

8.2 仪表要求

（a）对于下列主要参数，推荐采用特殊的试验仪表见表8.1：

表8.1

主要参数	最大出力试验	热耗率试验
第一级压力	x	x
输出功率	x	x
给水流量	…	x

续表

主要参数	最大出力试验	热耗率试验
主蒸汽压力	x	x
主蒸汽温度	x	x
汽轮机排汽压力	x	x
最终给水温度	…	x

如果按照第四章对仪表安装和使用的建议，主要参数的测量选择具有足够精度仪表，可使得试验结果的重复性达到 8.1（c）所述要求。

（1）输出功率：见 4.2.1～4.2.7。

（2）给水流量：主流量装置，见 4.4.1～4.4.4；主流量装置安装位置，除氧器入口或锅炉入口。

（3）压力，见 4.5。

（4）温度，见 4.6。

（5）低压缸排汽压力，见 4.5.8 和 4.5.9。

（b）辅助参数：见 4.10。

8.3 仪表安装位置

图 8.1 给出了对于简化热耗率试验所需主要仪表的安装位置。图中也给出用于确定性能恶化原因所需的附加测量仪表的安装位置。

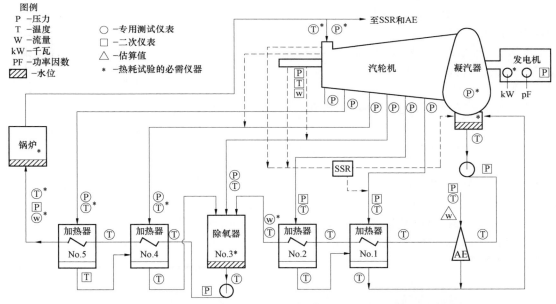

图 8.1　进汽为过热蒸汽的回热凝汽式汽轮机，常规性能试验的测点图

8.4 系统隔离程序

见 3.2.1～3.2.7。

8.5 试验的执行

8.5.1 试验条件

（a）根据 3.2.1～3.2.7 要求，进行汽轮机热力系统隔离。

（b）调整至试验负荷，使汽轮机在已知的阀点下，最好在阀全开下运行（见 5.1），尽可能靠近设计工况，并且在限制功率的控制模式下进行试验。对于

单阀或节流调节汽轮机，宜建立参考测量基准以确保之前的多个试验的进汽阀开度相同。机组宜退出功率自动控制运行方式，尽量避免系统干扰。

（c）应有充足的时间以保证机组运行工况稳定。最少稳定运行时间为半小时。

8.5.2 试验持续时间

热耗率试验宜持续 2 小时。对于能力工况试验和汽轮机热力系统变化对热耗率影响的特殊试验，在不改变主蒸汽流量情况下，允许试验持续时间为 1 小时。

8.5.3 读数的频率和一致性

（a）根据 4.8 要求，读数应通过可靠的时间测量来保持同步；

（b）读数频率应使得到的平均值具有代表性，见 3.4.2 关于试验读数频率内容。

8.6 试验数据计算和分析

试验结果的典型计算基本过程见 8.8，宜作为参考。

8.6.1 热耗率定义

热耗率，单位为 Btu/kWhr，公式定义如下，术语的解释见第二章和图 2.1。

$$热耗率 = \frac{w_1 h_1 - w_{11} h_{11}}{p_g}$$

8.6.2 试验修正系数

（a）修正系数以除数的形式可以从制造厂的数据中得到，或者从以前的试验中得到，用来在主蒸汽压力、主蒸汽温度和排汽压力偏离设计值时，对热耗率和输出功率进行修正。

（b）在最后一个给水加热器性能、凝汽器中凝结水过冷度，凝泵密封水流量、轴封冷却器流量偏离设计值时，用于修正热耗率和输出功率的修正系数，可以从 ASME PTC6.1—1984 和本规程附录 A 给出的曲线中得到。如果有足够可用的信息，修正曲线也可以从以前的试验分析数据或系统模型中得到。

8.6.3 数据图和试验分析

试验结果的表述和解释，在第六章中进行了讨论。

对于进汽为过热蒸汽的回热凝汽式汽轮机，推荐用于性能监测的参数如下：

（a）按照时间顺序绘制的修正后热耗率和发电机输出功率曲线。

（b）按照时间顺序绘制的修正后级压力或 $w/\sqrt{p/v}$ 曲线。

（c）如在不同阀点下得到足够多的试验结果，可以绘制修正后热耗率与修正后输出功率关系曲线，或与修正后主蒸汽流量关系曲线。通过比较这些曲线，可以发现在调节阀开启顺序（或重叠度）上的任何变化。

8.6.4 趋势变化的解释

在同一阀点下，修正至设计条件下的热耗率升高，表示汽轮机的一个或多个缸性能降低，或汽轮机热力循环性能的下降。基本的热耗率试验通常不能提供足够的信息用以充分分析热力循环中所有设备的性能，因此，可能有必要进行补充试验，如 8.7 所述。有几个因素可以导致汽轮机缸体性能的恶化，如：

（a）汽轮机叶片结垢，汽轮机内部损坏。这通常表现征为级压力或级压比的变化（见 6.24～6.24.4）；

（b）漏汽量的增加（见 6.24.3 和 6.24.5）；

（c）由于给水加热器传热系数下降、内部泄漏、不充分的排气或无法控制疏水水位，导致加热器端差增大（见 6.24.2）。

8.7 补充试验

补充试验可以提供额外的信息用于分析性能恶化的原因，可以与简单热耗率试验同时进行，也可以单独进行。若单独进行，为了保证比较的基准，需要稳定的运行工况以及与热耗率试验时相同的阀位。

（a）级压力可以周期性测量，最好在阀全开工况下进行测量。推荐最少试验时间为 30 分钟。对于主蒸汽压力偏离设计值的修正，见 6.13～6.13.4。比较汽轮机缸体或级组压比，包括调节阀，也是很有价值的。

（b）回热系统中每个加热器的给水端差（和疏水端差）表示加热器的性能，其变化会影响热耗率结果。在规定的阀门开度下，采用特殊的温度和压力仪表，在每个加热器汽侧和水侧的进出口进行测量。试验持续时间至少 30 分钟，该试验通常需要两名试验人员。

（c）轴封漏汽量可以在规定阀位和稳定工况下，采用辅助流量测量装置进行测量。轴封漏汽量增大，表明汽轮机内部汽封间隙变大，导致热耗率变差。轴封漏汽量试验至少持续一小时，需要两到三名试验人员。

8.8 算例

设计条件见表 8.2：

表 8.2

主蒸汽压力，psia	1265[*]❶
主蒸汽温度，℉	950[*]
主蒸汽焓值，Btu/lbm	1468.1[*]
排汽压力，in. Hg	2.0[*]
功率因数，%	80[*]
氢压，psig	30[*]

设计基准热耗率：

在阀全开下和所有参数在设计值时，热耗率为 9021Btu/kWh。

试验结果见表 8.3。

表 8.3

主蒸汽压力，psia	1280[*]
主蒸汽温度，℉	946[*]
主蒸汽焓值，Btu/lbm	1465.2[*]
排汽压力，in. Hg	2.09[*]
5 号加热器出口温度，℉	462.3
5 号加热器出口焓值，Btu/lbm	444.6
进入锅炉给水流量，lbm/hr	609 230
发电机输出功率，kW	69 662[*]
功率因数，%	91.4[*]
氢压，psig	28.5[*]

---

❶ [*]所示为用于能力工况试验的典型数值。这里所示的整个计算对于增加工况热耗率试验是必须的。

主蒸汽流量计算：

两小时试验期间，水位变化当量流量：

凝汽器热井	−3 000lbm（水位下降）
锅炉汽包	+300lbm（水位上升）
除氧器水箱	0（水位无变化）
补水	0

$$系统泄漏量 = \frac{3000-300}{2} = 1350 lbm/hr$$

（假定全部从锅炉侧泄漏）。

射汽抽气器蒸汽流量=630lbm/h（根据以前试验数据估计）

$$\begin{aligned} 进汽流量 &= 给水流量 − 系统泄漏量 − 锅炉中储水容\\ &\quad 器水位增加量 − 射汽抽气器用汽量\\ &= 609\ 230 − 1325 − 300/2 − 630\\ &= 607\ 100 lbm/hr \end{aligned}$$

电气损失（根据制造厂曲线得到）：

发电机输出功率	=69 552kW
功率因数为 0.80 时的发电机	
损失	=900kW*❶
功率因数为 0.914 时的发电机	
损失	=790kW*
功率因数为 0.8 时的输出功率	
修正量	=−110kW*

试验氢压为 28.5psig，设计氢压为 30psig，使得发电机损失减小 5kW*

将发电机输出功率修正至设计功率因数和氢压下

$$= 69\ 552 − 110 − 5 = 69\ 437 kW^*$$

热耗率：

$$试验热耗率 = \frac{607\ 100 \times 1465.2 − 609\ 230 \times 444.6}{69\ 437}$$

$$= 8910 Btu/kWhr$$

修正系数（来自制造厂修正曲线）见表 8.4。

表 8.4

参数	热耗率	输出功率
主蒸汽压力	0.999 4	1.008 0*
主蒸汽温度	1.001 5	0.998 0*
排汽压力	1.000 0	1.000 0*
总修正系数	1.000 9	1.006 0*

修正后的数据：

$$修正后的热耗率 = \frac{8910}{1.000\ 9}$$

$$= 8902 Btu/kWhr（9392kJ/kWh）$$

$$修正后发电机功率 = \frac{69\ 437}{1.006\ 0} = 69\ 023 kW^*$$

$$热耗率低于参考值 = \frac{8902 − 9021}{9021} \times 100 = −1.32\%$$

$$修正后的主汽流量 = 试验流量 \times \sqrt{\frac{p_s}{p_t} \times \frac{v_t}{v_s}}$$

$$= 607\ 100 \times \sqrt{\frac{1265}{1280} \times \frac{0.609\ 0}{0.619\ 1}}$$

$$= 598\ 600 lbm/h（271\ 500kg/h）$$

表 8.5   **试 验 结 果 的 重 复 性**

变 量	算例试验中的仪表	不确定度影响		
		变量	热耗率	输出功率
（A）输出功率				
（1）电压互感器	满足规程要求	±0.1%	±0.1%	±0.1%
（2）电流互感器	其他负载	±0.2%*	±0.2%	±0.2%
（3）电度表	永久安装，3 相校验的功率计，采用机械记录	±0.5%	±0.5%	±0.5%
对于发电机输出功率总的不确定度	$\sqrt{(1)^2 + (2)^2 + (3)^2}$	±0.55%	±0.55%	±0.55%
（B）主流量				
（1）除氧器进水流量	管壁取压喷嘴，安装前已校准，流量装置试验前后经检查无变化，上游 10 倍管径直管段，50 个整流管束，$\beta = 0.5$，下游 5.25 倍管径直管段，$U_B = 0.60$，$U_\beta = 0.0$，$U_{LS1} = 0.40$，$U_{LS2} = 0$，$U_{DSL} = 0.3$	±0.78%	±0.78%	…
（2）进入锅炉的给水流量（可选位置）	管壁取压喷嘴，安装前已校准，流量装置试验前后经检查无变化，上游 10 倍管径直管段，20 个整流管束，$\beta = 0.65$，下游 4 倍管径直管段，$U_B = 3.2$，$U_\beta = 0.5$，$U_{LS1} = 1.0$，$U_{LS2} = 0.8$，$U_{DSL} = 0.67$	±3.55%	±3.55%	…

❶ *所示为用于能力试验的典型数值。这里所示的整个计算对于热耗率试验是必须的。

续表

变　量	算例试验中的仪表	不确定度影响		
		变量	热耗率	输出功率
（C）主蒸汽压力	2000psi（13.8MPa）压力变送器，采用静重压力计校验，精度为满量程的 0.5%	±0.8%	±0.03%	±0.8%
（D）主蒸汽温度	满足试验规程要求	±1.0℉	±0.02%	±0.05%
（E）给水温度	满足试验规程要求	±1.0℉	±0.1%	…
（F）排汽压力 排汽压力	每 64 平方尺布置一个探头 采用试验压力计	±0.1 in. Hg ±0.05 in. Hg	±0.2% ±0.1%	±0.2% ±0.1%
综合不确定度：				
采用推荐的流量测量装置时： $\sqrt{A^2+B_1^2+C^2+D^2+E^2+F^2}$			±0.99%	±1.00%
采用可选的流量测量装置时： $\sqrt{A^2+B_2^2+C^2+D^2+E^2+F^2}$			±3.60%	±0.99%
重复性=0.5×综合不确定度				
采用推荐的流量测量装置时：			±0.49%	±0.50%
采用可选的流量测量装置时：			±1.80%	±0.50%

9　过热进汽参数的再热回热凝汽式汽轮机试验

9.1　简介

（a）　再热汽轮机最佳的常规性能试验方法，对工作于过热蒸汽区汽缸推荐采用焓降效率试验与在已知调节阀阀点上的能力工况试验相结合的方法。当这些试验发现汽轮机性能有所恶化时，才有必要进行其他循环的效率试验或简化热耗率试验，以找到性能劣化的原因。

（b）　焓降试验通过测量工作在过热蒸汽区汽缸的进、出口的温度和压力，根据得到的焓值计算缸效率。尽管试验简单，但测量要求精确。本章给出了对试验仪表的要求和具体的试验程序。

（c）　能力工况试验是在特定的阀点上测量发电机输出功率，最好在阀全开状态下进行。需要对功率进行修正的压力和温度也应该测量。在应用输出功率的修正系数之前，应将功率因数和氢压偏离设计值对测量发电机输出功率的影响进行修正。这涉及到轴功率的计算，然后减去设计功率因数和氢压下的电气损失和机械损失。本章包括对能力工况试验的仪表要求和试验程序。

（d）　简化热耗率试验是在规定的阀点下测量进入汽轮机循环的热量和发电机输出功率。除了推荐试验仪表外，还需要测量流量，系统隔离和测量某些给水温度和压力。本章给出了简化热耗率试验的具体试验程序。

（e）　试验程序、试验仪表和测量主要参数的读数频率和试验持续时间，使得预期试验结果的重复性值控制在下表百分数范围内（见 3.8.3）：

试验	重复性[1]
焓降试验	±0.3%～±0.5%，取决于有用能范围
修正后的发电能力	±0.3%
简化热耗率试验[2]	±0.55%～±0.9%，取决于主流量测量装置的安装位置（见 4.4.2）

注 1：对这些值的推导，见 9.9。
注 2：由于流量测量在试验中的重要性，这些值仅基于短时间（日常）的重复性。对于长时间期望的重复性，在 4.4.1～4.4.5 中给出的要求应当给予考虑

（f）　推荐的焓降试验和能力工况试验至少需要三名试验人员。简化热耗率试验至少需要六名试验人员加一名试验管理人员。如果采用数据自动采集，试验人员也可适当减少。

9.2　仪表要求

（a）　对于每种试验类型的主要测量参数，推荐采用精密级的测量仪表如下：

参数	焓降试验	能力工况试验	热耗率试验
主蒸汽压力和温度	x	x	x
第一级压力	x	x	x
冷再热压力和温度	x	x	x
再热热压力和温度	x	x	x
连通管压力和温度	x	…	…
给水压力和温度	…	x	x
低压缸排汽压力	…	x	x
给水流量[1]	…	…	x
输出功率	…	x	x

注 1：如果流量测量装置位于离开汽轮机循环给水的上游，建议在安装的流量装置与离开汽轮机循环给水之间的所有加热器周围，均采用精密级仪表进行测量

在第四章相关章节可查到各类仪表要求。

（1）压力，见 4.5.1。具有抑制范围精确读数的已校准的压力变送器，量程：0～5000psia。

（2）温度，见 4.6.1～4.6.4。

（3）给水流量。见 4.4.1～4.4.5。流量喷嘴宜根据 4.4.3 进行设计，而且流量装置宜布置在最后一个高加出口至锅炉入口之间的给水系统上。主流量测量装置也可以布置在凝泵出口与给水泵入口之间的凝结水系统上。

（4）再热蒸汽流量。利用热平衡，或者最好采用间接校验且在 6 个月校验期内的永久安装的蒸汽流量测量喷嘴。

（5）发电机输出功率，见 4.2。

（6）辅助流量，见 4.4.8。

（7）泄漏量，合适的采集和测量。见 4.9。

（8）储水箱水量变化，从已知的参考点进行水位测量，测量精度约为 1/8in。

（b）对于推荐使用的电站运行仪表，见 4.10。

（c）对于采用制造厂的数据，见 4.11。

9.3 仪表安装位置

（a）对于焓降试验和修正后发电机最大出力试验，压力和温度仪表安装位置示意图见图 9.1（a）。

（b）对于热耗率测试的仪表要求见图 9.1（b）。某些需要从制造厂曲线获得的数据也表示在图中。

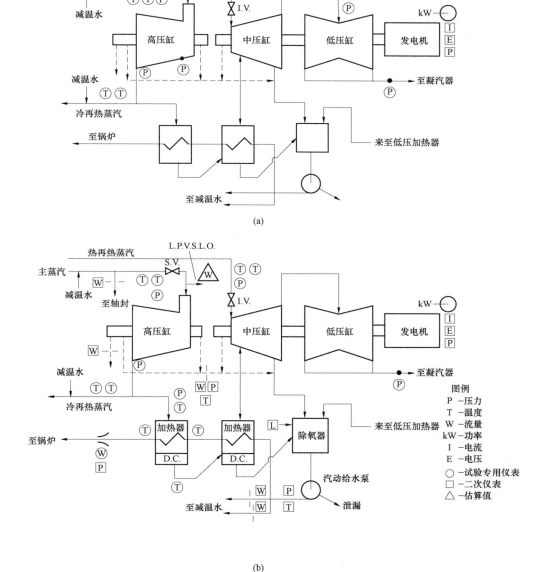

(a)

(b)

图 9.1　仪表安装位置

（a）焓降效率试验和修正后的最大出力试验；（b）热耗率试验

9.4 系统隔离程序要点

（a）对于焓降效率试验，系统隔离一般不做要求。然而，对于影响汽缸压比的系统条件，所有试验中宜保持一致。

（b）对于发电机能力工况试验和热耗率试验，应隔离系统以保证汽水不明泄漏损失小于最大主蒸汽流量的 0.5%（见 3.2）。

（c）在热耗率试验和发电机能力工况试验前，要求隔离的阀门应处于所期望的状态，并且加以标记。性能试验结果应基于上述汽轮机系统隔离条件下获得的数据得出。

9.5 试验的执行

焓降效率试验和热耗率试验宜在阀点工况下进行，以避免由于阀门部分开启带来的节流损失，并且今后可以在这个试验阀点上长期重复进行试验。能力工况试验也可以在阀点工况下进行，但最好是在阀全开工况下进行。功率限制应投入运行，发电机应避免系统干扰。在试验开始前，至少保证半小时的稳定运行。试验所需推荐的读数频率及相关要求参见 3.4.2。

对于焓降效率试验和发电机能力工况试验推荐试验持续时间为一小时；对于热耗率试验推荐试验持续时间为两个小时。较短的试验持续时间对试验结果的准确度和重复性有直接影响。

9.6 试验结果的计算

9.6.1 数据准备及计算

应检查原始数据的一致性和可靠性。数据整理和计算技术的参考见 3.5。

9.6.2 公式和算例

（a）焓降效率试验的公式和算例，在图 5.3 和 9.8 中给出。

（b）阀全开工况下修正后出力的算例，在 9.8 中给出。

（c）热耗率，单位为 BTU/kWh，在第二章中给出了通用公式。热耗率算例见 9.8。

9.6.3 热耗率和输出功率修正系数

（a）当主汽压力、主汽温度、再热蒸汽温度、再热器压降和排汽压力偏离设计值时，需对热耗率和输出功率进行修正。修正系数可以从制造厂提供的数据中得到，或者从以前的试验中得到。通常由制造厂提供的修正曲线得到是除法修正系数，如有必要，可以通过试验验证。

（b）当出现加热器性能偏差、过热器减温水流量变化、凝汽器凝结水过冷度，泵的密封水流量和轴封冷却器流量变化时，需对热耗率和输出功率进行修正，修正系数可以从本规程附录 A 中的通用曲线中得到。如果有足够可用的试验信息，也可以从以前的试验分析数据中得到。

9.6.4 数据图和试验分析

在不同阀点工况下进行的焓降试验和修正后的热耗率试验，可以以表格或曲线的形式进行比较。也可以按照时间顺序，比较在同一阀点下的缸效率和修正后的热耗率，以及阀全开工况下的最大发电机功率，比较试验结果或与某个基准值的偏差。对于热耗率试验，若将试验结果绘制成曲线，则预计的不确定度区间应清晰地标示出来。绘制曲线所推荐的参数以及曲线的表述和解析见 6.20~6.21.1，以及 6.23 和 6.23.1。

高压缸效率的变化会引起高压缸出力的变化，进而影响再热器吸热量的变化。中压缸效率的变化会导致中压缸和低压缸出力的变化。任一缸效率的变化都会引起热耗率的变化（见 ASME paper 60–WA–139，测量汽轮机发电机性能的方法，K.C.Cotton 和 J.C. Westcott。）

（1）高压缸效率变化对热耗率的影响

$$\Delta HR\% = \frac{\Delta \eta_{hp}\%(UE_{hp})(Q_{hp})}{3412.142(kW_{tot})} - \frac{\Delta \eta_{hp}\%(UE_{hp})(Q_{thtr})}{HR(kW_{tot})}$$

（2）中压缸效率变化对热耗率的影响

$$\Delta HR\% = \Delta \eta_{ip}\% \left[\frac{UE_{ip}}{UE_{th}}(L.F.) \right] \left[1 - \frac{UE_{hp}(Q_{hp})}{3412.142(kW_{tot})} \right]$$

式中：

UE =有用能，Btu/lbm

η =汽轮机缸效率，%

$$\Delta \eta = \eta_1 - \eta_2$$

$$\Delta \eta\% = \eta(100)/\eta_1$$

Q =流量，lbm/hr

kW =发电机输出功率，kW

HR =汽轮机热耗率，Btu/kWhr

$$\Delta HR\% = (HR_1 - HR_2)100/HR_1$$

L.F. =损失系数（见 9.2）

下标：

hp=高压缸

ip=中压缸

rh=整个再热汽轮机

rhtr=再热器

tot=全部

1，2，…=定义见第二章。

9.7 补充试验

为了提供用于分析汽轮机性能恶化原因的信息，可能需要进行某些补充试验，由于试验简单，可以使用最少的试验人员和仪表。这些试验可以与热耗率试验同时进行，只不过要增加一些人员和仪表。试验也可以单独进行。试验工况应保持稳定，汽轮机设定负荷应与要进行试验结果对比的负荷具有可比性。可以参考 9.2~9.4 的要求。

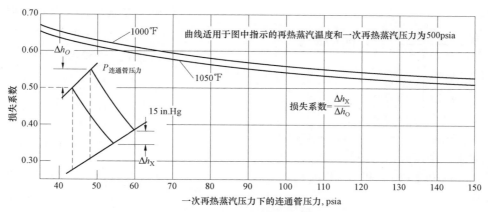

图 9.2　损失系数对连通管压力曲线

（a）　在某个阀点工况下，最好在阀全开工况下，稳定工况的级压力或级组压比，可以用于汽轮机性能周期性检查（见 6.13、6.14）。抽汽压力和第一级压力可以作为辅助测量压力，推荐最少试验持续时间为 30 分钟。

（b）　热力系统中各加热器的端差（包括疏水端差）表征加热器的性能，可以周期性进行比较，加热器性能的变化将影响热耗率。在阀门开全开工况下，采用特殊的温度和压力仪表，在每个加热器汽侧和水侧的进出口进行测量。该试验持续时间至少 30min，试验通常需要两名试验人员。

（c）　轴封漏汽量可以根据 4.4.8 的要求，在阀全开和稳定工况下（见 6.22）采用辅助流量测量装置进行测量。轴封漏汽量试验至少持续 1 小时，需要 2～3 名试验人员。

9.8　算例

9.8.1　焓降效率

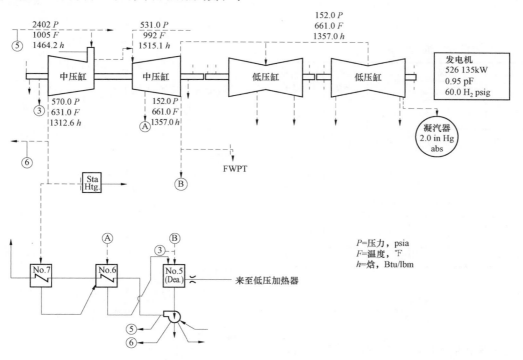

表 9.3

项目	主蒸汽	高压缸排汽	中压缸入口	中压缸排汽
压力，psia	2402	570.0	531.0	152.0
进汽温度，℉	1005	631.0	992.0	661.0
焓值（实际焓），*❶ Btu/lbm	1464.2	1312.6	1515.1	1357.0

续表

项目	主蒸汽	高压缸排汽	中压缸入口	中压缸排汽
焓值（等熵焓），* Btu/lbm	…	1288.1	…	1344.0
可用能，Btu/lbm	…	151.6	…	158.1
有用能，Btu/lbm	…	176.1	…	171.1

❶ *表示焓值计算基于 1967 年 ASME 水蒸气性质表。

高压缸效率：

$$\eta_{hp} = \frac{h_i - h_0}{h_i - h_s} = \frac{1464.2 - 1312.6}{1464.2 - 1288.1} \times 100 = 86.1\%$$

中压缸效率：

$$\eta_{ip} = \frac{h_i - h_0}{h_i - h_s} = \frac{1515.1 - 1357.0}{1515.1 - 1344.0} \times 100 = 92.4\%$$

漏至汽缸下游的阀杆漏汽流量和轴封漏汽流量会影响整个缸效率。中压缸第一级的蒸汽为混合蒸汽。见 ASME PTC6−1982 VI−14 和本规程的 6.24.7。

9.8.2　最大出力

功率因数为 0.95、氢压为 60psig 下，未修正的发电机功率=626 135kW

功率因数为 0.95、氢压为 60psig 下，电气损失=6045kW** ❶

将氢压修正至 60.0psig 下，修正量=0kW**

发电机功率=626 135kW

第二类发电机功率修正（采用制造厂提供的修正曲线）

采用表 9.4 给出的修正系数将试验发电机功率修正至设计工况下。修正系数定义为：1+变化百分数/100。将试验发电机功率修正至设计工况下时，修正系数作为除数。

表9.4　发 电 机 功 率

参数	工况		变化量	变化百分数	修正系数（除数）
	规定	试验			
主汽压力，psia，图9.3	2415	2402	−0.54%	−0.54	0.994 6
主汽温度，℉，图9.4	1000	1005	+5℉	−0.05	0.999 5
再热温度，℉，图9.5	1000	992	−8℉	−0.32	0.996 8
再热器压降，%，图9.6	10	6.84	−3.16%	+0.90	1.009 0
排汽压力，in.Hg abs，图9.7	1.5	2.0	+0.5	−0.25	0.997 5
各修正系数的乘积	…	…	…		0.997 3

$$修正后最大出力 = \frac{526\,135}{0.997\,3} = 527\,559kW$$

9.8.3　高压缸效率和中压缸效率变化对热耗率的影响

采用热耗率性能验收试验数据和上述焓降试验缸效率，利用 9.6.4 中的公式可以估算出热耗率的变化。

高压缸效率变化对热耗率的影响

$$\Delta HR\% = \frac{\Delta\eta_{hp}\%(UE_{hp})(Q_{hp})}{3412.142(kW_{tot})} - \frac{\Delta\eta_{hp}\%(UE_{hp})(Q_{thtr})}{HR(kW_{tot})}$$

---

❶ **表示数据来自根据制造厂提供的曲线。

从阀全开验收试验工况得到的数据如下：

$$\eta_{hp} = 86.4\%$$

$$UE_{hp} = 152.4Btu / lbm$$

$$Q_{hp} = 3\,263\,986lbm/hr$$

$$kW_{tot} = 489\,288$$

$$Q_{thtr} = 2\,884\,617lbm/hr$$

$$HR = 7897Btu/kWhr$$

$$\Delta HR\% = \left[\frac{\frac{86.4 - 85.8}{86.4}(152.4)(3\,263\,986)}{(3412.142)(489\,288)}\right]100$$

$$- \left[\frac{\frac{86.4 - 85.8}{86.4}(152.4)(2\,884\,617)}{(7897)(489\,288)}\right]100$$

$$= (0.103\,5) - (0.039\,5)$$

$$\Delta HR\% = 0.064\,0$$

也就是说，由于高压缸效率下降导致热耗率升高 0.06%。

中压缸效率变化对热耗率的影响

$$\Delta HR\% = \Delta\eta_{ip}\%\left[\frac{UE_{ip}}{UE_{th}}(L.F.)\right]\left[1 - \frac{UE_{hp}(Q_{hp})}{3412.142(kW_{tot})}\right]$$

从阀全开验收试验工况得到的数据如下：

$$\eta_{ip} = 85.1\%$$

$$UE_{ip} = 330.5kJ/kg$$

$$\frac{100(85.1 - 92.4)(142.1)}{(85.1)(512.9)}0.53\left[1 - \frac{(152.4)(3\,263\,986)}{(3214.142)(489\,288)}\right]$$

（损失系数来自曲线，损失系数对连通管压力，图9.2）

$$= -1.26(1 - 0.297\,9)$$

$$\Delta HR\% = -0.88$$

同样，由于中压缸效率的提高使得热耗率下降 0.88%。

由于高压缸效率和中压缸效率变化对热耗率的总影响：

$$\Delta HR_{tot} = \sum 由于\Delta\eta_{hp}\Delta\eta_{ip}变化$$

$$= 0.06 + (-0.88) = -0.82$$

9.8.4　热耗率

进入循环的热量定义如下：

$$W_t(h_t - h_{fw}) + W_r(h_{hrh} - h_{crh})$$

式中　W_t——主蒸汽流量，lbm/hr；

W_r——再热蒸汽流量，lbm/hr；

h_t——主蒸汽焓值，Btu/lbm；

h_{fw}——最终给水焓值，Btu/lbm；

h_{hrh}——热再热蒸汽焓值，Btu/lbm；

h_{crh}——冷再热蒸汽焓值，（Btu/lbm）。

本例中，汽轮机循环试验净热耗率如下：

$$HR = \cfrac{\begin{array}{l}(W_t - W_{shs})(h_t - h_{fo7}) + W_{shs}(h_t - h_{fi6}) + (W_r - W_{rhs})\\(h_{hrh} - h_{crh}) + W_{rhs}(h_{hrh} - h_{rhs})\end{array}}{\text{发电机功率}}$$

式中　W_{shs}——过热器减温水流量，lbm/hr；

W_{rhs}——再热器减温水流量，lbm/hr；

h_{fo7}——7 号加热器出水焓值，Btu/lbm；

h_{fi6}——6 号加热器进水焓值，Btu/lbm；

h_{rhs}——再热器减温水焓值，Btu/lbm。

$$HR = \cfrac{\begin{array}{l}(3\,460\,986 - 108\,095)(1464.2 - 464.7)\\+(108\,095)(1464.2 - 340.3)\\+(3\,118\,879 - 62\,181)(1515.1 - 1312.6)\\+(62\,181)(1515.1 - 334.2)\end{array}}{526\,135}$$
$$= 7916\,\text{Btu/kWhr}\,[8352\text{kJ/（kWh）}]$$

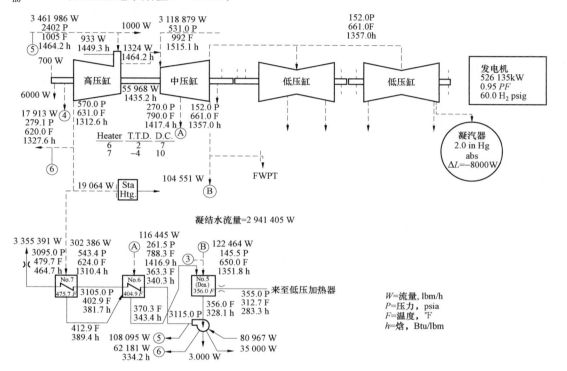

第二类热耗率修正（采用制造厂提供的修正曲线）

采用表 9.5 给出的修正系数允许将试验热耗率修正至设计工况下。修正系数定义为 1+变化百分数/100。将试验热耗率修正至设计工况下时，修正系数作为除数。

表 9.5

参数	工况		变化量	热耗率变化百分数	修正系数（除数）
	规定	试验			
主汽压力，psia，图 9.3	2415	2402	−0.54%	+0.02	1.000 2
主汽温度，℉，图 9.4	1000	1005	+5℉	−0.08	0.999 2
再热温度，℉，图 9.5	1000	992	−8℉	+0.15	1.001 5
再热器压降，%，图 9.6	10	6.84	−3.16%	−0.30	0.997 0
排汽压力，in.Hg abs，图 9.7	1.5	2.0	+0.5	+0.25	1.002 5
各修正系数的乘积	…	…	…	…	1.000 4

修正后的热耗率 $= \cfrac{7916}{1.000\,4}$
$= 7913\,\text{Btu/kWhr（8349kJ/kWh）}$

如本规程 5.27 所述，由于主蒸汽压力和温度偏离设计值，需将主蒸汽流量修正至设计参数下。

$$w_s = w_t\sqrt{\cfrac{p_s \times v_t}{p_t \times v_s}}$$
$$= 3\,460\,986\sqrt{\cfrac{2415 \times 0.322\,9}{2402 \times 0.319\,3}}$$
$$= 3\,489\,712\,\text{lbm/hr（158\,290\,7kg/h）}$$

计算的试验结果可以与设计的热耗率与功率的关系曲线（见图 9.8）进行比较，或者与性能验收试验得到的阀回路曲线进行比较。

在修正后发电机功率 527 559kW（见 9.8.2）下，得到的热耗率为 7915Btu/kWhr。

因此，修正后热耗率优于设计值 2Btu/kWhr 或 0.03%。

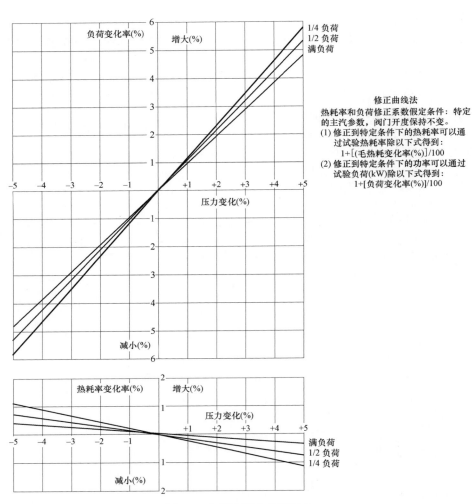

修正曲线法

热耗率和负荷修正系数假定条件：特定的主汽参数，阀门开度保持不变。

(1) 修正到特定条件下的热耗率可以通过试验热耗率除以下式得到：

1+［(毛热耗变化率(%))］/100

(2) 修正到特定条件下的功率可以通过试验负荷(kW)除以下式得到：

1+［负荷变化率(%)］/100

图 9.3　主蒸汽压力修正系数

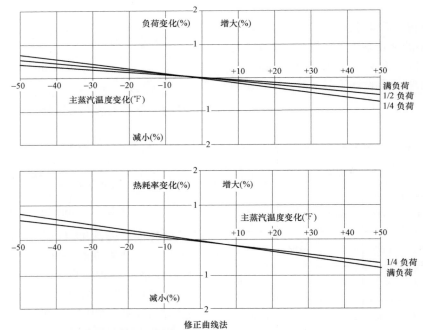

修正曲线法

热耗率和负荷修正系数假定条件：特定的主汽参数，阀门开度保持不变。

(1) 修正到特定条件下的热耗率可以通过试验热耗率除以下式得到：

1+［毛热耗变化率(%)］/100

(2) 修正到特定条件下的功率可以通过试验负荷(kW)除以下式得到：

1+［负荷变化率(%)］/100

图 9.4　主蒸汽温度修正系数

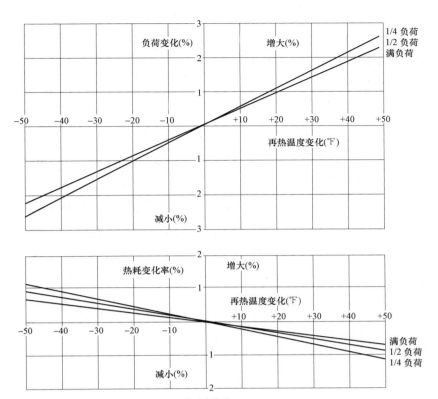

修正曲线法

热耗率和负荷修正系数假定条件：特定的主汽参数，阀门开度保持不变。
(1) 修正到特定条件下的热耗率可以通过试验热耗率除以下式得到：
1+［毛热耗变化率(%)］/100
(2) 修正到特定条件下的功率可以通过试验负荷(kW)除以下式得到：
1+［负荷变化率(%)］/100

图 9.5　再热温度修正系数

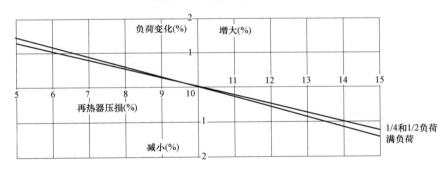

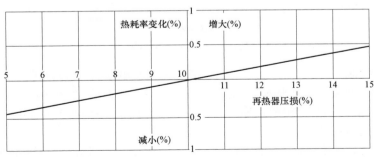

修正曲线法

热耗率和负荷修正系数假定条件：特定的主汽参数，阀门开度保持不变。
(1) 修正到特定条件下的热耗率可以通过试验热耗率除以下式得到：
1+［毛热耗变化率(%)］/100
(2) 修正到特定条件下的功率可以通过试验负荷(kW)除以下式得到：
1+［负荷变化率(%)］/100

图 9.6　再热器压降修正系数

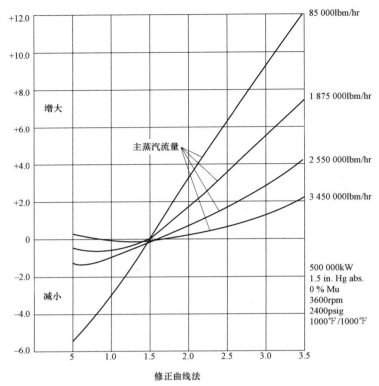

修正曲线法

流量曲线上的点是指压力2400psig，温度1000℉时的主蒸汽流量。热耗率和负荷修正到背压1.5in.Hg，补水率0%条件下的修正系数假定条件：特定的汽源参数，阀门开度保持不变。
(1) 修正到特定条件下的热耗率可以通过试验热耗率除以下式得到：
1+[毛热耗变化率(%)]/100
(2) 修正到特定条件下的功率可以通过试验负荷(kW)除以下式得到：
1+[负荷变化率(%)]/100

图 9.7   排汽压力修正系数

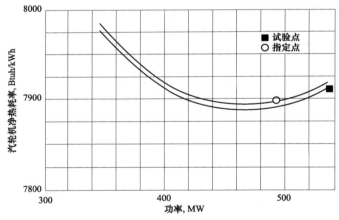

图 9.8   热耗率与负荷关系曲线

9.9   预期重复性的计算（见 3.8.3）

（a）在 9.1（e）中给出的重复性值是根据 9.2 所选仪表的不确定度推导而来的。本节给出的推导过程，可使读者了解需要考虑的因素。

（b）在表 9.1 中给出了仪表的不确定度，数据取自 ASME PTC6 Report–1985 "汽轮机性能试验测量不确定度评价导则"。

9.9.1   能力工况试验

（a）功率的测量可采用一个 $2\frac{1}{2}$ 极多相表，并且

假定电流和电压互感器的精度等级为 0.3%。

功率测量的总不确定度为 ASME PTC6 Report–1985 中得到的下列各不确定度分量的平方和的平方根。

（1）测量方法的不确定度，取表 4.1（c）中的值，±0.5%。

（2）表盘旋转圈数的不确定度，假定采用旋转 50 圈计时的方式测量。可能圈数的计数有错误，但显然可以通过与同时运行的连续计时器结果进行比较来消除错误，因此，不确定度为 0。

（3）仪表常数不确定度，取表 4.3（c）中的值，±0.25%。

（4）电压互感器不确定度，取表 4.4（b）中的值，±0.30%，根据表 4.1（c），需要两个电压互感器，因此，不确定度为 $\pm 0.30 / \sqrt{2}$。

（5）电流互感器不确定度，取表 4.5（b）中的值，±0.10%，根据表 4.1（c），需要三个电流互感器，因此，不确定度为 $\pm 0.10 / \sqrt{3}$。

（6）计时器不确定度，假定 8min 转 50 圈，且时间增加了 1s，不确定度为 $\dfrac{1}{8 \times 60} \times 100 = \pm 0.21\%$。

$$总不确定度 = \sqrt{0.5^2 + 0.25^2 + \frac{0.3^2}{2} + \frac{0.1^2}{3} + 0.21^2}$$
$$= \pm 0.64\%$$

（b）仪表不确定度对功率修正系数的影响，不同的汽轮机影响程度各不相同。表 9.2 给出了再热回热汽轮机算例的典型数据。

（c）修正后功率的不确定度为修正系数不确定度、测量功率不确定度的平方和的平方根。

$$\sqrt{0.64^2 + 0.34^2 + 0.007^2 + 0.033^2 + 0.22^2 + 0.12^2}$$
$$= \pm 0.69\%$$

（d）根据 3.8.3 中的方法，重复性为不确定度的一半，即 ±0.35%。

表 9.6　　　　　仪表不确定度（取自 ASME PTC 6 Report—1985）

仪　表	描　　　述	不确定度[1]
变送器	采用静重压力计校准	±0.25%
压力计（表 4.13）	试验级，精密开孔，有刻度补偿，没有辅助读数装置	±0.05in.
排汽压力网笼探头（表 4.17）	准确地安装在指定的位置，仅 2 个	±0.10in.
电位计（4.29）	精密级，便携式	±0.03%
热电偶（表 4.18）	试验级，带连续补偿导线，试验前、后根据本规程 4.106 要求采用具有±0.03% 精度电位计校准	±1℉
电压互感器（表 4.4）	已知负载的伏安特性和功率因数，可以利用典型的校验曲线，功率因数接近 1	±0.2%
电流互感器（表 4.5）	已知负载的伏安特性和功率因数，可以利用典型的校验曲线	±0.1%
电能表（表 4.3）	便携式三相表，环境温度可控，无机械记录，试验前校验，三相均已校准	±0.25%
喷嘴（可选位置）	管壁取压，永久安装前已校准，没有检查 基本不确定度，$U_B = 1.25$ 直径比 $\beta = 0.6, U_\beta = 0.20$ 上游 10 倍直管段，$U_{LS1} = 0.80$ 带 30 个的孔整流装置，$U_{LS2} = 0.38$ 下游 4 倍的直管段，$U_{DSL} = 0.67$	±1.68%
喷嘴（推荐位置）	管壁取压，安装前已校准，试验前后检查，节流元件未发生变化 基本不确定度，$U_B = 0.60$ 直径比 $\beta = 0.5, U_\beta = 0.0$ 上游 10 倍直管段，$U_{LS1} = 0.4$ 带 50 个的孔整流装置，$U_{LS2} = 0.0$ 下游 4 倍的直管段，$U_{DSL} = 0.52$	±0.89%

注 1：见 ASME PTC 6 Report—1985 "汽轮机性能试验测量不确定度评价导则"

表 9.7　　　　　功率修正系数的不确定度

项目	参数	仪表不确定度	仪表量程	功率修正曲线影响	修正系数不确定度（%）
主蒸汽	压力	±0.25%	3000psi	0.004 5%/psi	±0.034
	温度（注 1）	±1.0℉	…	0.01%/℉	±0.007
再热	温度（注 1）	±1.0℉	…	0.047%/℉	±0.033
再热器压降	压力	±0.25%	1000psi	0.25%/%	±0.220
	压力	±0.25%	1000psi	0.25%/%	
排汽	压力	±0.05in.	…	1.1%/in.	±0.120
	探头	±0.10in.	…		

注 1：在每个位置采用两支热电偶测量温度。由于仪表不确定度主要是随机不确定度，因此这些测量不确定度与测点数量的平方根成反比，即 $1.0℉ / \sqrt{2} = 0.7℉$

表 9.8   **典型的焓降效率试验不确定度数据**

测量项目	参数	传感器	仪表不确定度	仪表量程	测量不确定度	缸效率变化	焓降试验不确定度
主蒸汽	压力	1 个变送器	±0.25%	3000psi	7.5psi	0.23%	±0.27%
	温度[1]	2 支热电偶	±1.0℉	…	0.7℉	0.19%	±0.22%
冷再	压力	1 个变送器	±0.25%	1000psi	2.5psi	0.29%	±0.34%
	温度[1]	2 支热电偶	±1.0℉	…	0.7℉	0.22%	±0.26%
热再	压力	1 个变送器	±0.25%	1000psi	2.5psi	0.14%	±0.15%
	温度[1]	2 支热电偶	±1.0℉	…	0.7℉	0.08%	±0.09%
连通管	压力	1 个变送器	±0.25%	500psi	1.25psi	0.80%	±0.87%
	温度[1]	2 支热电偶	±1.0℉	…	0.7℉	0.11%	±0.12%

注 1：对于同一参数采用多个传感器进行测量，测量的不确定度为传感器不确定度除以测量同一参数传感器数量的平方根。例如，如果主蒸汽温度采用两支已校准的热电偶，且不确定度均为 1.0℉，则测量的不确定度为 $1.0℉/\sqrt{2} = 0.7℉$

9.9.2 焓降试验

（a）遵循 ASME PTC 6 Report—1985 评价导则中给出的程序，对于焓降试验进行误差分析结果表明，总不确定度依赖于使用仪表的不确定度、焓值–压力曲线斜率和焓值–温度曲线斜率，以及汽缸焓降的大小。

（b）表 9.3 给出了高压缸和中压缸焓降试验不确定度的典型数据。这些数据作为计算机程序计算的输入值，通过改变输入值得到的输出值，用于评价输入值对缸效率的影响。在本例中，每个测量不确定度所带来的缸效率变化表示在表 9.3 中。为了确定各不确定度分量，需要将每个测量参数对缸效率的变化量除以基准缸效率，在表中最后一列给出。

（c）缸效率的不确定度为各不确定度分量的平方和的平方根。

对于高压缸效率，不确定度如下：

$$\sqrt{0.27^2 + 0.22^2 + 0.34^2 + 0.26^2} = ±0.55\%$$

对于中压缸效率，不确定度如下：

$$\sqrt{0.15^2 + 0.09^2 + 0.87^2 + 0.12^2} = ±0.90\%$$

（d）根据 3.8.3 中的方法，重复性为不确定度的一半。对于高压缸效率，重复性为±0.27%；对于中压缸效率，重复性为±0.45%。

（e）由于不确定度依赖于有用能的大小以及汽缸进出口的温度和压力水平，表 9.9 给出了各种汽轮机参数下采用所推荐仪表大约的重复性水平。

表 9.9   **再热回热汽轮机焓降效率试验的重复性水平近似值**

再热回热汽轮机进汽参数	高压缸效率的近似重复性水平	中压缸效率的近似重复性水平
3500psi/1000/1000/1000℉	0.7%～0.75%（超高压缸）	0.6%～0.7%
	0.5%～0.6%（高压缸）	…
3500psi/1000/1000℉	0.4%～0.5%	0.4%～0.5%

                                   续表

再热回热汽轮机进汽参数	高压缸效率的近似重复性水平	中压缸效率的近似重复性水平
2400psi/1000/1000℉	0.35%～0.45%	0.2%～0.5%
1800psi/1000/1000℉	0.4%～0.45%	0.2%～0.5%

9.9.3 热耗率试验

（a）"汽轮机性能试验测量不确定度评价导则"报告给出了再热回热汽轮机的各测量参数对修正后热耗率影响的大概数值范围。利用本规程表 9.1 中的信息和评价导则报告中表 5.2 数据，可以得到以下各个参数的不确定度分量：

表 9.10

参数	不确定度	修正后热耗率的不确定度分量，%
主蒸汽温度	±0.7℉	±0.05
主蒸汽压力	±0.25%	±0.008
冷再热蒸汽温度	±0.7℉	±0.03
冷再热蒸汽压力	±0.25%	±0.016
热再热蒸汽温度	±0.7℉	±0.035
热再热蒸汽压力	±0.25%	±0.02
最终给水温度	±0.7℉	±0.084，给水流量测量位置 ±0.025，凝结水流量测量位置
发电机功率	±0.64%	±0.64 [见 9.9.1 (a) 小节]
主流量	±1.68%（注 1） ±0.89%	±1.68，给水流量测量位置 ±0.89，凝结水流量测量位置

注 1：见表 9.1 的描述信息。

（b）修正后热耗率的总不确定度为各不确定度分量的平方和的平方根，对于采用凝结水流量位置，总不确定度为±1.10%；对于采用给水流量测量位置，总不确定度为±1.80%。

（c）对于采用凝结水流量测量位置，重复性为±0.55%；对于采用给水流量测量位置，重复性为±0.90%。

10 饱和进汽参数的回热凝汽式汽轮机试验

10.1 简介

（a）这种类型汽轮机最佳的常规性能试验方法，推荐采用简化热耗率试验。当有迹象显示性能恶化时，为了找出恶化的原因，宜增加额外的测量，包括所有可以获得的级压力、轴封系统泄漏量、加热器端差等数据。

（b）通过足够准确地测量关键参数，得到以天为基准下重复性在±0.7%[1]以内的试验结果（见3.8.3，影响长周期预期重复性的因素，参见4.4.1～4.4.5），宜选用推荐的试验方案、仪表要求、读数频率、试验持续时间。

（c）非再热汽轮机性能计算的算例见10.8。然而，同样的方法可以应用于再热汽轮机，且在不增加额外仪器设备的情况下，也可以得到预期重复性在±0.7%以内的试验结果。

（d）推荐的试验将需要预计最少4名试验人员加1名监督人员。如果在确定热耗率所需最少数据之外还需要额外的数据，可能需要增加试验人员。

10.2 仪表要求

（a）建议对发电机输出功率、给水流量、主蒸汽压力、低压缸排汽压力、最终给水温度、主蒸汽品质、第一级压力这些关键参数测点采用专门的试验仪表。

如果能够遵守第4章中关于仪表的安装和使用要求，那么采用推荐的仪表测量关键参数，可得到足够准确的试验结果，获得10.1（b）给出的重复性结果。

（1）发电机输出功率，见4.2.1～4.2.7。

（2）给水流量。主流量测量元件，见4.4.1～4.4.4。主流量测量元件安装位置，见表4.1中的安装位置1。差压测量，见4.4.6～4.4.7。

（3）压力，见4.5。

（4）温度，见4.6.1～4.6.4。

（5）低压缸排汽压力，见4.5.8～4.5.10。

（6）主蒸汽品质，见4.7。如果汽轮机有多个进汽管道，每个管道上都应布置双重测点测量。

（b）采用再热系统后，同样需要测试热再热蒸汽的压力和温度。这些测量为分析性能恶化的原因提供了补充信息。性能恶化的典型原因描述见10.7。当然，为了得到此处阐述的简化汽轮机热耗率，这些测量并不是必不可少的。

（c）辅助数据，见4.10。

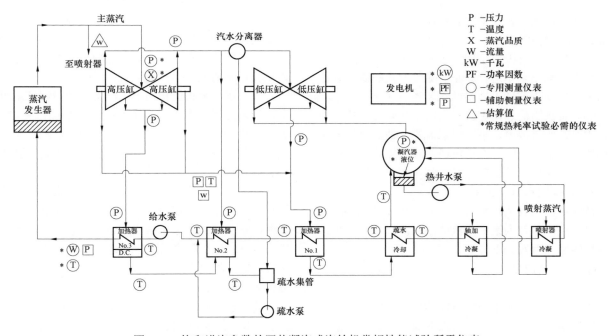

图 10.1 饱和进汽参数的回热凝汽式汽轮机常规性能试验所需仪表

10.3 仪表安装位置

简化热耗率试验所需要的测量仪表位置如图10.1所示。同时，图中还给出了确定性能恶化原因需要增加的额外测点。

10.4 系统隔离程序

见3.2。

10.5 试验执行

10.5.1 试验条件

（a）按照3.2要求，对汽轮机热力系统进行系统隔离。

（b）确定试验负荷，使汽轮机在某一已知的阀点（参见5.1）下运行，同时运行工况尽可能接近设计工

---

[1] 见10.9，有关此值的推导。

况，并且在功率控制模式下运行。对于单阀或节流调节方式下运行的汽轮机，宜建立测量参考基准，以确保每次试验的进汽阀保持同一开度。机组宜解除自动负荷控制装置（AGC），并尽可能不受系统扰动影响。

（c）允许机组有足够长的运行时间以达到稳定运行工况，至少宜稳定运行半小时。

10.5.2 试验持续时间

汽轮机热耗率试验宜持续 2 小时。对于确定汽轮机热力系统变化对汽轮机热耗率相对影响的特殊试验，在不改变主蒸汽流量情况下，允许试验持续时间为 1 小时。

10.5.3 读数频率与一致性

（a）根据 4.8 要求，读数宜通过可靠的时间测量来保持同步。

（b）读数频率宜使得到的平均值具有代表性，见 3.4.2 关于试验读数频率内容。

10.6 试验数据的计算和分析

试验结果的典型算例见 10.8 内容。

10.6.1 热耗率的定义

热耗率，单位 Btu/kWhr，公式定义如下：

$$热耗率 = \frac{w_1 h_1 - w_{11} h_{11}}{p_g}$$

公式中的术语参见第 2 章和图 2.1。

10.6.2 试验修正系数

（a）当主蒸汽压力和排汽压力偏离设计值时，应对热耗率和输出功率进行修正。除数形式的修正系数应由制造厂提供或通过之前的试验予以确定。

（b）若试验信息充足时，当给水加热器性能、凝汽器中凝结水过冷度、泵密封水流量、轴封冷却器流量偏离规定值时，用于修正热耗率和输出功率的修正系数，可以从以前的试验分析数据中得到。

10.6.3 数据图和试验分析

试验结果的表述和解释，在第 6 章中进行了讨论。

对于进汽参数为饱和蒸汽的回热凝汽式汽轮机，推荐性能监测参数如下：

（a）修正后的热耗率与修正后的功率随时间的变化曲线。

（b）修正后的级压力随时间的变化曲线。

（c）如果能够获得不同阀点下的多个试验结果，可以绘制出修正后热耗率与修正后电功率的关系曲线，或与修正后主蒸汽流量的关系曲线。通过比较这些曲线，可以发现在调节阀开启顺序（或重叠度）上的任何变化。

10.6.4 变化趋势的解释

在同一阀点下，修正至设计条件下的热耗率升高，表示汽轮机的一个或多个缸性能降低，或汽轮机热力循环性能的下降。基本的热耗率试验通常不能提供足够的信息用以充分分析热力循环中所有设备的

性能，因此，可能有必要进行补充试验，如 10.7 所述。有几个因素可以导致汽轮机缸体性能的恶化，如：

（a）汽轮机蒸汽通道积垢或内部损坏。这通常表现征兆为级压力或级压比的变化（参见 6.24.1、6.24.3、6.24.4、6.24.7 和 6.24.8）。

（b）泄漏量的增大（参见 6.24.5、6.24.6 和 6.24.9）。

（c）加热器传热系数的降低、内部泄漏、排空不充分或水位控制不当等引起的给水加热器端差增大（参见 6.24.2）。

10.7 补充试验

为了分析性能恶化的原因，需要进行补充试验。补充试验可以单独进行或与简化热耗率试验结合进行。单独进行时，在试验过程中稳定的运行工况和相同的阀位作为试验结果比较的基础。

（a）最好在阀门全开状态下，定期对级压力进行测量。建议试验至少持续 30 分钟。如果蒸汽品质与设计值有明显差异，需要根据制造厂提供的数据进行蒸汽湿度的附加修正。主蒸汽压力偏离值的修正，参见 6.12～6.13.4。包括调节阀在内，对每个汽缸或者级组的压比（入口压力除以出口压力）结果进行对比，也是有价值的。

（b）回热系统中各给水加热器的给水端差和疏水端差表征加热器的性能，其变化会影响热耗率结果。在规定的阀门开度下，在每个加热器汽侧和水侧的进出口测量压力和温度。试验持续时间至少 30 分钟，该试验通常需要两名试验人员。

（c）在规定阀位和稳定工况下，轴封漏汽量可以采用辅助流量测量装置进行测量。轴封漏汽量增大，表明汽轮机内部汽封间隙增大，导致热耗率变差。轴封漏汽量试验至少持续 1 小时，通常需要两到 3 名试验人员。

（d）分阶段的系统隔离试验可以用来确定旁路汽轮机的蒸汽来源。在恒定的系统输入热量状态下，进行两个试验：一个是系统正常运行状态；另一个是系统按照 3.2 进行隔离后运行状态。隔离分为几个阶段进行，每一阶段引起的输出功率变化由精密级功率测量仪表来测定。

输出功率的增加量能够有助于鉴别浪费掉的热能。需要测量蒸汽参数，根据制造厂提供的修正曲线或通过预先试验得到修正系数，对参数偏离设计值进行修正。

需要的试验测量仪表应按照 10.2（a）中的建议。

每个系统，例如加热器排空、凝泵再循环等，都需要进行隔离，机组至少需要稳定运行 30 分钟。通过测量输出功率，检测出每一阶段的系统隔离引起的发电量增加。全部隔离完成以后，机组应稳定运行 1 小时，然后进行持续 2 小时的最大出力工况试验。

核电蒸汽发生器输出的热量在整个隔离试验过程中应保持恒定，这样测量的输出功率变化才有意义。

10.8 算例

设计参数：

主蒸汽压力，psia	464.7
主蒸汽干度，%	99.75
排汽压力，in. Hg	1.0
功率因数，	0.8
氢压，psig	15.0

在阀门全开，且在规定的运行工况下，参考热耗率为11 050Btu/kWhr。

试验结果：

主蒸汽压力，psia	467.7
主蒸汽干度，%	99.8
主蒸汽焓值，Btu/lbm	1203.3
排汽压力，in.Hg	1.26
3号加热器出口温度，℉	335.7
3号加热器出口焓值，Btu/lbm	306.7
进入蒸汽发生器的给水流量，lbm/hr	1 848 000
发电机输出功率，kW	146 760
功率因数，	0.88
氢压，psia	18.0

两小时试验期间，储水容器水位变化当量流量：

凝汽器热井	−7200lbm（水位降低）
蒸汽发生器	+700lbm（水位上升）
补水	0

系统泄漏量=（7200−700）/2=3250lbm/hr（假定全部从蒸汽发生器侧泄漏）

射汽抽气器用汽量=750lbm/hr（根据以前试验数据估计）

主蒸汽流量=给水流量−系统泄漏量−蒸汽发生器中储水容器水位增加量−至射汽抽气器蒸汽量

=1 848 000−3250−700/2−750

=1 843 650lbm/hr

电气损失（根据制造厂曲线）

发电机输出功率=146 760kW

功率因数为0.8时的发电机损失=−1767kW

功率因数为0.88时的发电机损失=+1572kW

修正到功率因数为0.8时的功率=146 565kW

氢压增加引起的附加损失：

氢压由规定值15psig增加到18psig时，损失增加29kW。

修正到规定氢压和功率因数后，发电机功率为146 565+29 =146 594kW。

试验热耗率=(1 843 650×1203.3−1 848 000×306.7)/146 594

=11 267Btu/kWhr

二类修正系数（根据制造厂曲线）如下：

参数	热耗率	输出功率
主蒸汽压力	0.999 0	1.006 5
排汽压力	1.011 0	0.989 1
总修正系数	1.010 0	0.995 5

修正后的热耗率=11 267/1.010 0=11 155Btu/kWhr

修正后的输出功率=146 594/0.995 5=147 257kW

热耗率比设计值高出=（11 155−11 050）/11 050×100=0.95%

修正后的主蒸汽流量=试验主蒸汽流量×$\sqrt{\dfrac{p_s}{p_t}×\dfrac{v_t}{v_s}}$

$$=1\,843\,650×\sqrt{\frac{464.7}{467.7}×\frac{0.990\,5}{0.996\,5}}$$

$$=1\,832\,190\text{lbm/hr}$$

10.9 预期重复性的计算

10.9.1 给水流量喷嘴

经校验的管壁取压流量测量喷嘴装置满足规程的要求。由于喷嘴位于最后一个给水加热器和给水泵之后，因此没有进行检查。

基本不确定度，	$U_B=±1.25\%$
上游18倍管径直管段，	$U_{LS1}=0.0$
50个孔整流装置，	$U_{LS2}=0.0$
直径比$β=0.5$，	$U_β=0.0$
下游8倍管径直管段，	$U_{DLS}=±0.09\%$

不确定度=$\sqrt{(U_B)^2+(U_β)^2+(U_{LS1})^2+(U_{LS2})^2+(U_{DLS})^2}$

流量不确定度=$\sqrt{(1.25)^2+(0.0)^2+(0.0)^2+(0.0)^2+(0.09)^2}$

=±1.25%

10.9.2 流量差压

精密开孔的试验级差压计，刻度有补偿，没有辅助读数装置。

不确定度=±0.05in.Hg

试验差压=30.0in.Hg

不确定度=0.05/30.0×100=±0.17%

流量测量不确定度=±0.17/2=±0.09%

10.9.3 主蒸汽压力

经实验室校验的中等精度变送器，量程为 0～1000psi。

不确定度=满量程的±0.10%

不确定度=±0.10/100×1000=±1.0psi

热耗率修正计算（敏感度）=0.033%/1.0psi

热耗率不确定度=0.033×1.0=±0.03%

主蒸汽压力的测量不确定度为1.0psi所引起蒸汽焓的误差，可以忽略不计。

10.9.4 主蒸汽品质

蒸汽品质测定的不确定度主要来源于难以获得

有代表性的样品，也没有预期可能引起误差的数据。然而，主蒸汽设计湿度很低，即使相当大比例的湿度误差所引起的汽轮机热耗率误差也相对较小。假定湿度的误差为100%，则：

蒸汽湿度不确定度=±0.2%

蒸汽焓不确定度=±1.5Btu/lbm

$h_{1t}-h_{11}=1203.3-306.7=896.6$Btu/lbm

热耗率不确定度=1.5/896.6×100=±0.17%

10.9.5 最终给水温度

带有连续补偿导线的、经校验的试验热电偶，配套使用±0.05%精度的电位计。

读数不确定度=±2.0℉

给水焓不确定度=±2.1Btu/lbm

$h_{1t}-h_{11}=1203.3-306.7=896.6$Btu/lbm

热耗率不确定度=2.1/896.6×100=±0.23%

10.9.6 排汽压力

在每个排汽口处，准确地在指定的位置安装一个取压探头。

测量不确定度=±0.2in.Hg

经实验室校验的中等准确度的变送器，测量不确定度=±0.05in.Hg

总不确定度$=\sqrt{(0.2)^2+(0.05)^2}=\pm0.21$ in.Hg

热耗率修正计算（敏感度）=0.28%/0.1in.Hg

热耗率不确定度=0.28×0.21/0.10=±0.59%

10.9.7 输出功率

对于电压和电流互感器，已知负载的伏安特性和功率因数，可以利用典型的校验曲线。测量功率使用高精度的数字输出三相电子电能表，试验前经过校验。

不确定度：电压互感器±0.20%；电流互感器±0.10%；电能表±0.15%。

总的测量不确定度$=\sqrt{(0.20)^2+(0.10)^2+(0.15)^2}=\pm0.27\%$

表 10.1　　汇　总　表

测量项目	仪表不确定度	热耗率不确定度，%	热耗率不确定度的平方
流量喷嘴	±1.25%	±1.25	1.562 5
流量差压	±0.05in.Hg	±0.09	0.008 1
主蒸汽压力	±1.0psi	±0.03	0.000 9
主蒸汽品质	±0.2%	±0.17	0.028 9
最终给水温度	±2.0℉	±0.23	0.0529
排汽压力	±0.21in.Hg	±0.59	0.348 1
电功率	±0.27%	±0.27	0.072 9

热耗率不确定度的平方之和=2.074 3

总的热耗率不确定度$=\sqrt{2.0743}=\pm1.44\%$

重复性$=\dfrac{\text{不确定度}}{2}=\dfrac{\pm1.44}{2}=\pm0.72\%$

11 过热排汽参数的无抽汽背压式汽轮机试验

11.1 简介

无抽汽背压式汽轮机（前置机）通常用来驱动动力辅机和一些生产过程的设备。本章所介绍的试验主要是为了得到由于叶片性能恶化、级间汽封间隙增大、轴封间隙增大所引起的汽轮机性能变化。主要包括内效率焓降试验和最大能力试验。轴封漏汽量宜通过现场仪表来监测以分析轴封间隙的变化（参见11.7）。

（a）内效率焓降试验。这是最简单、准确度最好的常规试验。基本要求如下：

（1）汽轮机进汽和排汽都为过热蒸汽。

（2）蒸汽参数（压力和温度）尽可能接近设计值。

（3）负荷与阀点、调节级压力或主蒸汽流量相对应。

（4）恒定的或规定的转速。

（b）最大能力工况试验。能力工况试验要求在某个阀点，最好在阀门全开下测量电功率或者轴功率。蒸汽压力和温度也需要测量以用于输出功率的修正。

在使用输出功率修正系数之前，实测的输出功率应先经过偏离规定的氢压和功率因数修正。首先计算出试验轴功率，然后减去额定功率因数和氢压下的机械和电气损失。

（c）试验程序、试验仪表、试验持续时间和读数频率。

通过对关键参数足够准确的测量，可以得到预期重复性在如下百分数之内的试验结果（参见3.8.3）。

试验项目	重复性
焓降效率试验	±0.5%（注1）
最大能力工况试验	±0.31%（注1）

注1：这些数值的推导参见11.9。

这些试验预计需要3名试验人员，取决于试验的准备工作量。

11.2 仪表要求

（a）对于每种试验类型的主要测量参数，推荐采用精密级的测量仪表如下：

参　　数	焓降试验	最大能力工况试验
主蒸汽压力和温度	√	√
喷嘴室压力	√	√
第一级压力	√	
排汽压力和温度	√	√
汽轮机轴功率	…	…
发电机输出功率	…	…
汽轮机转速	√	√

（1）压力，参见 4.5。

（2）温度，参见 4.6.1.2、4.6.3 和 4.6.4。

（3）发电机输出功率，参见 4.2。

（4）驱动设备的测量：为了测量驱动设备的性能，宜遵照 4.3 和特定设备性能试验规程中的相关章节，使用精密级仪表来测量。例如，对于泵的性能，主要是水流量测量的准确性，而对压缩机，主要是气体流量测量的准确性。

（5）转速，参见 4.12。

（b）现场仪表。对于辅助测量参数，参见 4.10。

（c）制造厂数据。参见 4.11。

11.3 仪表安装位置

无抽汽背压式汽轮机的主要和辅助试验测点及仪表布置图见图 11.1。为了确定汽轮机排汽参数，在布置仪表测点位置之前，宜考虑排汽管道和轴封蒸汽漏汽管道的物理结构。

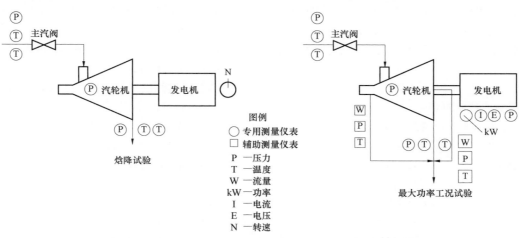

图 11.1 无抽汽背压式汽轮机试验测点及仪表布置图

11.4 系统隔离程序要点

（a）对于焓降效率试验，系统隔离一般不做要求。然而，对于影响汽缸压比的系统条件，在进行的所有试验中宜保持一致。

（b）对于最大能力工况试验，按照 3.2 要求进行系统隔离。

（c）每次能力工况试验之前，隔离的阀门宜处于所需的开、关相应位置上，并悬挂标牌。性能试验的结果也只是基于在汽轮机系统按照上述（a）和（b）中的方法进行隔离后得到的结果。

11.5 试验执行

在阀点下进行焓降效率试验，通常很有益处。在这些特定的阀门开度上，今后可以很容易长期重复进行试验，也避免调节阀部分开启带来的额外节流损失。最大能力工况试验应在调节阀最大行程下进行。

11.5.1 确定试验负荷

对焓降效率试验，在要求的阀门开度下设定汽轮机负荷（参见 5.1）。对最大能力工况试验，将调节阀设定在最大行程。需要参照制造厂提供的数据或先前试验数据来选择负荷点，使汽轮机排汽参数状态处于过热蒸汽区。蒸汽参数宜尽可能接近设计值，读数的允许波动宜在规程规定的范围内。汽轮机宜在负荷限制控制模式下运行，发电机或其它驱动设备宜切除自动负荷控制装置以不受系统的干扰。对最大能力工况试验，汽轮机热力循环系统应按照 3.2 进行系统隔离。试验前稳定运行至少半小时。

11.5.2 试验持续时间

本章所述试验宜持续 1 小时。如果试验参数稳定，而且波动在规程允许的范围内，试验时间可以缩短。

试验人员通过功率计读数和温度数据的监控，可以快速了解试验进程，并决定试验时间是否需要延长。

11.5.3 读数频率与读数同步性

根据 4.8 要求，读数宜通过可靠的时间测量来保持同步。

读数频率宜使得到的平均值具有代表性（参见 3.4.2）。

11.6 试验结果的计算

11.6.1 数据准备及计算

应检查原始数据的一致性和可靠性。数据整理和计算方法，参考 3.5 中的内容。

11.6.2 公式和算例

焓降效率试验的计算公式和算例，在图 5.3 和 11.8 中给出。

阀全开下修正后出力的算例，在 11.8 中给出。

11.6.3 试验修正系数

当主蒸汽压力、主蒸汽温度和排汽压力偏离设计值时，需对汽耗率和输出功率进行修正。修正系数可以从制造厂提供的数据或者从以前的试验得到。

如果有必要，可以通过试验来验证制造厂提供的修正曲线。

11.6.4 数据图和试验分析

修正后的汽耗率和输出功率可以与验收试验结果或保证值依据时序基准进行比较，得出变化偏差。

试验汽轮机缸效率、级压力、级组压比和轴封漏汽量与蒸汽量的关系也可以采用相类似方法来进行比较。

11.7 补充试验

根据 4.4.8 要求，轴封漏汽量可以在阀门全开稳定工况下采用辅助流量测量装置来测量。试验时间宜至少持续 1 小时，通常需要 2～3 名试验人员。

轴封漏汽量的增加表示内部轴封间隙的增大，而导致性能变差。

11.8 算例

11.8.1 焓降效率试验测量

主蒸汽压力	1247psia
主蒸汽温度	859.4℉
主蒸汽焓	1414.5Btu/lbm
排汽压力	422.5psia
排汽温度	615.1℉
排汽焓	1314.4Btu/lbm
等熵焓	1286.8Btu/lbm

$$焓降效率 = \frac{h_i - h_0}{h_i - h_s} \times 100 = \frac{1414.5 - 1314.4}{1414.5 - 1286.8} \times 100$$
$$= 78.39\%$$

11.8.2 最大能力工况试验

将测量的发电机输出功率修正到额定功率因数、电压和氢压下。

功率因数为 0.87、氢压为 14.0psig 时，未修正的发电机输出功率为 18 000kW。

由制造厂提供的曲线可知

功率因数为 0.87 时的损失为	265kW
功率因数为 0.80 时的损失为	290kW
氢压为 15.0psig 时的损失为	40kW
氢压为 14.0psig 时的损失为	36kW

试验工况下的损失：265kW+36kW=301kW
设计工况下的损失：290kW+40kW=330kW
修正到设计工况下的发电机输出功率：18 000+301−330=17 971kW

由辅助测量仪表得到的轴封漏汽数据：
轴封 1 段漏汽：650lbm/h，20psia，713℉，1389.9Btu/lbm
轴封 2 段漏汽：8 000lbm/h，20psia，700℉，1383.5Btu/lbm
汽轮机机械损失：150kW （根据制造厂数据）
根据进出汽轮机的热平衡计算主蒸汽流量如下：
输入的热量
主蒸汽热量=1414.5yBtu/hr

式中：y=试验主蒸汽流量，lbm/hr
输出的热量
轴封 1 段漏汽的热量=650lbm/h×1389.9Btu/lbm=903 435Btu/hr
轴封 2 段漏汽的热量=8000lbm/h×1383.5Btu/lbm=11 068 000Btu/hr
发电机输出功率的等效热量=18 000kW×3412.142Btu/kWhr=61 418 556Btu/hr
发电机损失的等效热量=301kW×3412.142Btu/kWhr=1 027 055Btu/hr
汽轮机机械损失的等效热量=150kW×3412.142Btu/kWhr=511 821Btu/hr
汽轮机排汽的热量=1314.4(y−8650)Btu/hr
离开系统的总热量=1314.4(y−8650)Btu/hr+74 928 867Btu/hr
输入的热量=输出的热量，即
$$1414.5y = 1314.4(y-8650) + 74 928 867$$
试验主蒸汽流量=y=634 958lbm/hr
试验汽耗率=试验主蒸汽流量/修正到额定工况下的发电机输出功率
试验汽耗率=634 958/17971=35.33lbm/kWhr
流量修正系数由下式确定：

$$\frac{w_s}{w_t} = \sqrt{\frac{p_s}{p_t} \times \frac{v_t}{v_s}} = \sqrt{\frac{1265}{1247} \times \frac{0.575\,0}{0.590\,2}} = 0.994\,1$$

修正后的主蒸气流量=634 958×0.994 1=631 212lbm/hr（286 313kg/h）
汽耗率的修正如下（根据制造厂提供的曲线）：

参数	设计值	变化率，%	修正系数（除法）
主蒸汽压力	1265psia	−1.42	0.986
主蒸汽温度	900 ℉	+2.4	1.024
排汽压力	440psia	+0.5	1.005
总修正系数			1.0147

修正到设计运行工况下的汽耗率：
试验汽耗率/修正系数=35.33/1.0147=34.82lbm/kWhr（15.79kg/kWh）
修正到设计运行工况下的发电机输出功率：631 212/34.82=18128kW。

11.9 预期重复性的计算（参见 3.8.3）

（a）在 11.1 中所述的重复性数值是根据 11.2 所选仪表的不确定度数值推导得到。本节给出这些数值的推导过程，以便使用者了解获得重复性所需考虑的因素。

（b）仪表的不确定度计算是基于 ASME PTC 6 Report—1985《汽轮机性能试验测量不确定度评价导则》（参见表 11.4）。

11.9.1　焓降效率试验

效率的不确定度取决于每一个试验测量参数的测量不确定度及其对效率的影响量，如下所示：

试验测量参数	不确定度	效率变化量	焓降不确定度	焓降不确定度的平方
主蒸汽压力	读数的±0.1%	0.12	±0.153	0.023
主蒸汽温度	±1℉	0.51	±0.652	0.425
排汽压力	读数的±0.1%	0.11	±0.141	0.020
排汽温度	±1℉	0.38	±0.741	0.549

总不确定度

$$=\sqrt{(0.023+0.425+0.020+0.549)}=\sqrt{1.017}$$

$=\pm1.008\%$。

重复性工况 $=\pm1.008/2=\pm0.50\%$。

11.9.2　能力工况试验

（a）输出功率

对于电压和电流互感器，已知负载的伏安特性和功率因数，可以利用典型的校验曲线。采用试验前经校验的三相电度表测量。使用光电计数器以减小计时不确定度。

（b）流量修正系数

流量修正系数计算公式如下：

$$\frac{w_s}{w_t}=\sqrt{\frac{p_s}{p_t}\times\frac{v_t}{v_s}}$$

该系数的不确定度源于测量主蒸汽压力和温度的仪表不确定度。仪表不确定度的数值见表11.1。

（c）汽耗率修正系数

汽耗率修正系数用于当试验的主蒸汽压力、温度及排汽压力偏离设计值时对汽耗率的修正。不确定度可以根据测量不确定度与采用的适当修正曲线相对变化率（敏感度）计算得到。表11.2中给出算例。

（d）修正后的发电机输出功率

修正到汽轮发电机组规定运行工况下的发电机输出功率为

$$\frac{修正后的主蒸汽流量}{修正后的汽耗率}$$

上式可以简化为

修正后的发电机输出功率×流量修正系数×汽耗率修正系数

表11.3给出了不确定度和重复性的算例。

表 11.1　仪表不确定度

仪表	描　述	不确定度（注1）
静重式压力表	面积比为10:1，未校准	读数的±0.1%
试验压力表	精密开孔，刻度有补偿，没有辅助读数装置	±0.05in.
电位计	实验室等级	±0.03%

续表

仪表	描　述	不确定度（注1）
试验热电偶	带连续补偿导线，由二级标准校验，与±0.03%精度的电位差计一起使用	±1℉
电压互感器	已知负载的伏安特性和功率因数，可以利用典型的校验曲线	±0.3%
电流互感器	已知负载的伏安特性和功率因数，可以利用典型的校验曲线	±0.1%
瓦特表	ANSI（注2）0.50%精度等级，试验前校验	±0.50%

注：对用多个仪表测量同一参数的情况，测量不确定度等于单个仪表不确定度除以用于测量该参数的仪表数量的平方根

注1：参见 ASME PTC 6 Report–1985《汽轮机性能试验测量不确定度评价导则》报告

注2：源自 ANSI C12—1975 和 ANSI C12.10—1978

表 11.2　流量修正系数不确定度

参数	测量不确定度	对比容的影响	对流量修正系数的影响
主蒸汽压力	±1.25psi	±0.086%/psi	±0.105%
主蒸汽温度	±1.0℉	±0.106%/℉	±0.053%

表 11.3　汽耗率不确定度

参数	测量不确定度	对汽耗率不确定度的影响	汽耗率不确定度
主蒸汽压力	±1.26psi	±0.0607%/psi	±0.076%
主蒸汽温度	±1℉	±0.0985%/℉	±0.099%
排汽压力	±0.44psi	±0.1900%/psi	±0.085%

表 11.4　输出功率总不确定度

试验测量参数	流量修正系数不确定度	汽耗率不确定度%	输出功率不确定度%	输出功率不确定度的平方
电压互感器		±0.30	±0.30	0.090
电流互感器		±0.10	±0.10	0.010
电度表		±0.50	±0.50	0.250
主蒸汽压力	±0.105%	±0.076	±0.181	0.033
主蒸汽温度	±0.053%	±0.099	±0.046	0.002
排汽压力		±0.085	±0.085	0.007

修正后输出功率总不确定度

$$=\sqrt{(0.090+0.010+0.250+0.033+0.002+0.007)}$$

$=\pm0.626\%$

重复性 $=\pm0.626/2=\pm0.31\%$

12　抽汽背压式汽轮机试验

12.1　简介

这种类型汽轮机最佳的常规性能试验方法，推荐采用汽轮机焓降效率试验、汽轮机能力工况试验

和汽耗率试验。当这些试验监测到汽轮机性能发生恶化，有必要执行全面的热平衡试验来查明性能恶化的原因。

能力工况试验和汽耗率试验是基于轴功率的测量具有良好的重复性。尽管这种类型汽轮机用途广泛，但大多数仍用于发电。因此，本章将介绍发电机功率的测量，以确定出汽轮机输出轴功率。对于确定驱动机械设备（泵、风机等）的汽轮机轴功率，可以参考驱动设备的性能试验规程。对于能量吸收式设备，可参考 ASME PTC 19.7—1980；对于旋转速度式设备，可参考 ASME PTC 19.13–1961。

执行能力工况和汽耗率试验时，要求试验期间不抽汽，如果需要抽汽，抽汽流量要求能够准确地重复测量。若汽轮机运行条件允许，最好是做一个无抽汽工况的试验，再做一个或多个部分抽汽或最大抽汽工况的试验，以确定汽轮机在整个运行范围内的性能。

（a）焓降效率试验包括测量进汽和排汽的压力和温度，根据相应焓值结果计算内效率。尽管试验较简单，但测量应准确。本章将给出仪表要求和明确的试验方案。

（b）能力工况试验主要在规定的阀点下，最好是阀门全开时，对发电机功率进行测量，抽汽流量、蒸汽压力和温度也需同时测量，以确定输出功率的修正系数。在使用输出功率修正系数之前，实测的输出功率应先经过偏离规定的氢压和功率因数修正。然后减去额定功率因数和氢压下的机械和电气损失。

（c）汽耗率试验要求在给定的阀点下准确地测量主蒸汽流量和发电机输出功率，同时应测量抽汽流量、抽汽压力和温度，以确定功率修正系数。

（d）热平衡试验包含一个完整的汽轮机热平衡测量。要求精确地测量所有的蒸汽流量、所有的温度和压力，以及发电机输出功率。

（e）本章给出试验程序、试验仪表和试验持续时间，通过对关键参数足够准确的测量，可以得到预期重复性在如下百分数之内的试验结果（参见3.8.3）：

试验项目	重复性（注2）
焓降效率试验	±0.6%～±0.7%（取决于焓值范围）
能力工况试验	±0.5%
汽耗率试验（无抽汽，主蒸汽流量用喷嘴测量[1]）	±1.8%
汽耗率试验（有抽汽，主蒸汽流量用喷嘴测量[1]，抽汽流量用孔板测量）	±2.4%

注1：因为试验流量测量的重要性，该数值仅基于短时间（以天为基准）的重复性。对更长时间的重复性，参考4.4.1～4.4.5中的相关内容。也可参考 ASME PTC 6 Report–1985《汽轮机性能试验测量不确定度评价导则》。

注2：重复性的计算，参见表12.1～12.4。

（f）推荐的试验约需3名试验人员。热平衡试验至少需要5名试验人员，加上1名监督人员。该试验需要更多人力的两个原因是试验测量数据量的增加和经培训的人员数量。

表 12.1　焓降效率试验的重复性计算

测点	索引（注1）表	索引（注1）行	不确定度（注1）	效率变化	焓降效率不确定度，%
主蒸汽压力	4.14	2（b）	±2.5psi	±0.30	±0.39
主蒸汽温度	4.18	3	±1.4℉（注2）	±0.62	±0.82
高压段抽汽压力	4.14	2（b）	±1.25psi	±0.36	±0.47
高压段抽汽温度	4.18	3	±1.4℉（注2）	±0.69	±0.91
低压段抽汽压力	4.14	2（b）	±1.25psi	±0.19	±0.33
低压段抽汽温度	4.18	3	±1.4℉（注2）	±0.41	±0.70
排汽压力	4.14	2（b）	±0.25psi	±0.16	±0.24
排汽温度	4.18	3	±1.4℉（注2）	±0.45	±0.77

高压段效率不确定度

$$U = \sqrt{(0.39)^2 + (0.82)^2 + (0.47)^2 + (0.91)^2} = \pm 1.37\%$$

重复性=±0.69%

低压段效率不确定度

$$U = \sqrt{(0.33)^2 + (0.70)^2 + (0.24)^2 + (0.77)^2} = \pm 1.11\%$$

重复性=±0.56%

注1：参考 ASME PTC 6 Report—1985《汽轮机性能试验测量不确定度评价导则》。

注2：使用两个热电偶测量以减小误差。对多重元件测量的测点，其测量不确定度等于单个测量元件的不确定度除以用来测量元件的数量的平方根，即 $2.0℉/\sqrt{2} = 1.4℉$。

12.2　仪表要求

（a）各种试验推荐采用精密级的测量仪表如下：

参　数	焓降效率试验	出力试验	汽耗率试验
主蒸汽压力	√	√	√
主蒸汽温度	√	√	√
第一级压力	√	√	√
主蒸汽流量		√	√
抽汽压力	√	√	√
抽汽温度	√	…	…
排汽压力	√	…	…
排汽温度	√	…	…
抽汽流量和/或排汽流量	…	√	√
发电机输出功率	…	√	√

（1）压力，参见4.5。

对仪表的重复性要求各有不同。

静重式压力表，使用面积比为100:1，未校验。变送器，使用静重式试验装置校验。

对流量测量装置的差压，使用现场没有辅助读数装置的差压计进行测量。

（2）温度，参见 4.6。

对仪表的重复性要求各有不同。

带有连续补偿线的试验热电偶，由二级标准校验，与±0.03%精度的电位差计一起使用。对每个重要测点使用双重热电偶测量。

带有标准导线的电站记录用热电偶，未校验，与±0.30%精度的记录电位差计一起使用。

（3）流量。

a）主流量的测量。对于锅炉和汽轮机基本上能够与其他机组完全隔离出来的情况，测量给水流量是确定主蒸汽流量的最佳方法，可以使用经校验的主流量元件进行测量。对母管制系统，需要测量抽汽或排汽流量，因此，重复性的计算要基于蒸汽流量的测量。每个蒸汽流量的测量都会降低重复性。

b）给水流量。给水流量的测量宜依据 4.4.1～4.4.7 提出的原则。

c）蒸汽流量。主要蒸汽流量准确测量的要求与水的流量测量的要求相同（参见 4.4.1、4.4.3 和 4.4.4）。

对蒸汽流量测量准确性的讨论，参见 4.4.5。

（ⅰ）流过流量测量装置时，喉部蒸汽至少应有 25℉ 以上的过热度，以确保是干蒸汽。

（ⅱ）根据在主流量测量装置上游 1 倍管径处测量的压力和下游 10 倍管径处准确测量的温度与压力

获得的焓值，来计算蒸汽比重。

（ⅲ）对某些场合，跟流量喷嘴比起来，使用孔板更有必要。尽管孔板没有流量喷嘴的绝对准确度高，但孔板经过较长一段时间后仍能保持良好的重复性。

确定流量安装的准确度时，可以参考《汽轮机性能试验测量不确定度评价导则》。在安装之前，只要有可能，对主流量测量装置宜进行检查，核查尺寸，并经过校验。最好在与试验相同的温度和压力下进行校验。主流量测量装置应位于汽轮机主汽阀的上游，但要有足够长的距离以及安装整流栅，以获得预期的准确度。对这些试验，良好的重复性比绝对准确度更为重要。

在确定重复性数值时，假定主蒸汽流量用流量喷嘴测量，抽汽流量用孔板测量。重复性的差异表明，试验时若有抽汽将会同时降低准确性和重复性。

（4）发电机输出功率，参见 4.2.2 和 4.2.8。

试验前经校验的三相电能表，可以满足要求。对能力工况试验，重复性基于三相的校准；对汽耗率试验，重复性基于单相的校准。

（5）辅助流量，参见 4.4.8。

（6）泄漏量和储水容器储水量变化。参见 4.9。

（b）辅助参数对试验结果影响较小，如果电站现场仪表的保养维护良好并且定期进行校验，则可以利用电站现场仪表进行测量，参见 4.10。

（c）对于先前试验结果和制造厂提供数据的使用，参见 4.11。

表 12.2　　　　　　　　　　　　　　能力工况试验的重复性计算

参数测量	索引[1]		不确定度	能力工况不确定度，%
	表	行		
主蒸汽压力	4.15	2	±2%	±0.19
主蒸汽温度	4.18	6	±10℉	±0.28
抽汽压力	4.15	2	±2%	±0.27
排汽压力	4.15	2	±2%	±0.12

汽轮机影响因素不确定度 $U = \sqrt{(0.19)^2 + (0.28)^2 + (0.27)^2 + (0.12)^2} = \pm0.45\%$

发电机输出功率

三相校准的电度表	4.3	d	±0.50%	±0.50
电压互感器	4.4	c	±0.3% / $\sqrt{2}$	±0.21
电流互感器	4.4	c	±0.3% / $\sqrt{2}$	±0.21
圈数计时	读数		1sec/180sec	±0.58
圈数计数	读数		注2	0

发电机输出功率不确定度 $U = \sqrt{(0.50)^2 + (0.21)^2 + (0.21)^2 + (0.58)^2} = \pm0.82\%$

能力工况试验总不确定度 $U = \sqrt{(0.45)^2 + (0.82)^2} = \pm0.94\%$

重复性= ±0.5%

注 1：参考 ASME PTC 6 Report—1985《汽轮机性能试验测量不确定度评价导则》。

注 2：数据需进行整理，并消除错误读数误差。

表 12.3   汽耗率试验（无抽汽）重复性计算

参数测量	索引 [1]		不确定度 [1]	汽耗率不确定度（%）
	表	行		
主蒸汽压力	4.15	2	±2%	±0.19
主蒸汽温度	4.19	3	±10℉	±0.28
流量差压	4.13	3	±0.1in.	±0.23
喷嘴不确定度分量		无抽汽		
U_B	4.10	项目 G[2]		±3.0
U_β	图 4.6	直径比 β=0.656 9，未校验的曲线		±0.5
U_{LS1}	图 4.7	上游 10 倍管径直管段，β=0.656 9		±0.9
U_{LS2}	图 4.8	30 个孔整流装置，β=0.656 9		±0.5
U_{DSL}	图 4.9	下游 3 倍管径直管段		±0.0

主蒸汽流量不确定度 $U = \sqrt{(0.19)^2+(0.28)^2+(0.23)^2+(3.0)^2+(0.5)^2+(0.9)^2+(0.5)^2+(0)^2} = \sqrt{10.477} = \pm 3.24\%$

发电机输出功率

单相校准电度表	4.3	d	±1.0%	±1.0
电压互感器	4.4	d	±1.5% / $\sqrt{2}$	±1.06
电流互感器	4.5	c	±0.3% / $\sqrt{2}$	±0.21
圈数计时	读数		1sec/180sec	±0.58
圈数计数	读数		[3]	±0

发电机输出功率不确定度 $U = \sqrt{(1.0)^2+(1.06)^2+(0.21)^2+(0.58)^2+(0)^2} = \sqrt{2.504} = \pm 1.58\%$

汽耗率总不确定度（无抽汽）$U = \sqrt{(3.24)^2+(1.58)^2} = \sqrt{12.994} = \pm 3.60\%$

重复性=±3.60 / 2 =±1.80%

注 1：参考 ASME PTC 6 Report—1985《汽轮机性能试验测量不确定度评价导则》。
注 2：项目 G，适用于喷嘴，在正常检修期间已经经过检查。指导值用于绝对准确度，但在这里用于重复性。如果发现准确度上有大的差异，需要采用适当方法将实际读数修正到需要的准确度下。这些计算方法应当能将实际读数修正到需要的准确度下。
注 3：数据需进行整理，并消除错误读数误差

表 12.4   汽耗率试验（有抽汽）重复性计算

参数测量	索引 [1]		不确定度 [1]	汽耗率不确定度（%）
	表	行		
主蒸汽流量不确定度（根据表 12.3）=±3.24%				
发电机输出功率不确定度（根据表 12.3）=±1.58%				
抽汽流量差压	4.13	3	±0.1in.	±0.97
孔板不确定度分量		有抽汽		
U_B	4.10	项目 G[2]		±2.5
U_β	图 4.6	直径比 β=0.702		±0.7
U_{LS1}	图 4.7	上游 10 倍管径直管段，β= 0.702		±1.21
U_{LS2}	图 4.8	30 个孔整流装置，β= 0.702		±0.55
U_{DSL}	图 4.9	下游 3 倍管径直管段		±0.0

续表

测　量	索引[1]		不确定度[1]	汽耗率不确定度，%
	表	行		
抽汽压力	4.15	2	±2%	±0.27
抽汽温度	4.18	6	±10℉	±0.40

抽汽流量不确定度 $U = \sqrt{(0.97)^2 + (2.5)^2 + (0.7)^2 + (1.21)^2 + (0.55)^2 + (0)^2 + (0.27)^2 + (0.40)^2} = \sqrt{9.680} = \pm 3.11\%$

汽耗率总不确定度（有抽汽）　$U = \sqrt{(3.24)^2 + (1.58)^2 + (3.11)^2} = \sqrt{22.666} = \pm 4.76\%$

重复性 $= \pm 4.76 / 2 = \pm 2.38\%$

注 1：参考 ASME PTC 6 Report—1985《汽轮机性能试验测量不确定度评价导则》。
注 2：项目 G，适用于孔板，在正常检修期间已经经过检查。指导值用于绝对准确度，但在这里用于重复性。如果发现准确度上有大的差异，需要采用适当方法将实际读数修正到需要的准确度下。这些计算方法在应用重复性计算之前需要应用于实际主汽流量

12.3　仪表安装位置

推荐试验的压力、温度和流量测量仪表安装布置示意图如图 12.1 所示。同时图中也标示出热平衡试验计算所需的测量仪表。从制造厂曲线获得的某些所需数据也体现在该图上。

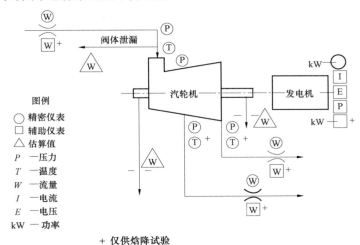

图例
〇 精密仪表
□ 辅助仪表
△ 估算值
P —压力
T —温度
W —流量
I —电流
E —电压
kW —功率

＋ 仅供焓降试验

图 12.1　抽汽背压式汽轮机典型的测点图

12.4　系统隔离程序要点

（a）对于焓降效率试验，系统隔离一般不做要求。然而，对于影响汽缸压比的系统条件，在进行的所有试验中宜保持一致。

（b）对于能力工况试验和汽耗率试验，按照 3.2 的要求来隔离汽轮机循环。但极有可能，这类汽轮机无法实现这种隔离。因此，比通常更大的注意力应放在辅助流量的估算上。

12.5　试验执行

焓降效率试验和汽耗率试验宜在阀点上进行。在这些特定的阀门开度上，今后可以很容易长期重复进行试验，也避免调节阀部分开启带来的额外节流损失。将抽汽流量事先调整为一个可重复实现的数值❶也是有必要的。能力工况试验宜在调节阀最大行程下进行，并且抽汽流量为零或事先设定好的流量。

12.5.1　确定试验负荷

将负荷设定在所需的阀点下（参见 5.1），调整抽汽流量至设定值。

主蒸汽参数宜尽可能接近设计值，并且读数保持稳定。汽轮机宜在负荷限制控制模式或类似模式下运行，发电机宜切除自动负荷控制装置以不受系统的干扰。

由于焓降效率试验主要考虑压力和温度，抽汽流量只作为辅助流量来考虑。然而，对于能力工况试验和汽耗率试验，抽汽流量则是一个主要流量。

试验至少需要半小时的稳定时间，以保证参数稳定。

12.5.2　试验持续时间

焓降效率试验需要持续 1 小时。能力工况试验和汽耗率试验需要持续 2 小时。试验持续时间少于规定时间，将会对试验结果的准确性和重复性产生直接影响。

---

❶ 比起用流量装置测取差压，如果能设定抽汽阀的阀位将会有更好的重复性。不抽汽时的重复性最佳。

12.5.3 读数频率及读数同步性

根据 4.8 要求，读数宜通过可靠的时间测量来保持同步。

读数频率宜使得到的平均值具有代表性（参见 3.4.2）。

12.6 试验结果计算

12.6.1 数据准备和计算

应检查原始数据的一致性和可靠性。数据整理和计算方法，参考 3.5 中的内容。

12.6.2 公式和算例

（a）焓降效率试验的计算公式和算例，参见图 5.3，6.15 和 12.8（a）。

（b）能力工况试验算例，参见 12.8（b）。曲线的绘制参见 6.21.1。

（c）汽耗率试验算例，参见 12.8（c）。根据汽耗率的计算公式：SR=W/P，只有在相同的阀点和抽汽流量下，其他试验结果可以与之做比较，参见章节 6.23.1。

12.6.3 试验修正系数

当主蒸汽压力、主蒸汽温度、抽汽压力和排汽压力偏离设计值时，需对汽耗率和发电机输出功率进行修正。修正系数可以从制造厂提供的数据得到，或者从以前的试验得到。

12.6.4 数据图和试验分析（见第 6 章）

推荐的绘图参数在第 6 章中给出。

（a）焓降效率试验。

汽轮机缸效率与主蒸汽流量，或与排汽压力和第一级压力之比的关系曲线。

（b）能力工况试验。

修正后的发电机输出功率或其变化的百分比与时间的关系曲线。

（c）汽耗率试验。

修正后的汽耗率与修正后的发电机输出功率，或与修正后的主蒸汽流量，或与汽轮机压降的关系曲线。

12.6.5 变化趋势的解释，参见第 6 章。

12.7 补充试验

为了帮助分析汽轮机性能的恶化原因，可以做几个补充试验。由于试验本身非常简单，只需要最少的人员和仪表。这些试验可以与汽耗率试验同时进行或独立进行。需要维持稳定的试验参数与负荷设定，以便能够和对比工况进行比较。参考 12.2～12.4。

在阀点且稳定运行工况下，级压力和级组的压比可以用于汽轮机性能的定期检查。各级抽汽压力和汽轮机第一级压力需要测量，试验至少持续 30 分钟。

按照 12.2（b）要求，在阀点且稳定运行工况下，

轴封漏汽量可以通过辅助流量装置来测量。轴封漏汽量的增加表示内部轴封间隙的增大，会导致汽耗率增加。试验宜持续至少 1 小时，通常需要 2～3 名试验人员。

12.8 算例

（a）焓降效率试验

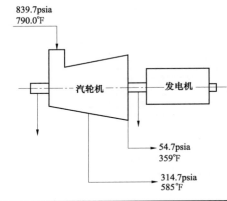

项目	主蒸汽	抽汽	排汽
压力，psia	839.7	314.7	54.7
温度，℉	790.0	585.0	359.0
焓，Btu/lbm	1391.4	1305.8	1213.6
等熵焓，Btu/lbm		1278.7	1147.5
已用能，Btu/lbm		85.6	92.2
可用能，Btu/lbm		112.7	158.3

$$高压段效率 = \frac{h_i - h_0}{h_i - h_s} = \frac{1391.4 - 1305.8}{1391.4 - 1278.7} \times 100 = 76.0\%$$

$$低压段效率 = \frac{h_i - h_0}{h_i - h_s} = \frac{1305.8 - 1213.6}{1305.8 - 1147.5} \times 100 = 58.2\%$$

（b）最大能力工况试验

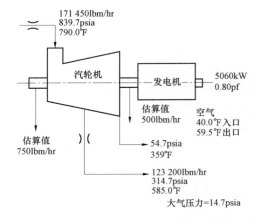

设计参数：850psig，800℉，排汽压力为 42psig。自动抽汽压力为 310psig。

三相，周波为 60Hz，12500V，功率因数为 0.80，5000kW。

发电机输出功率：

仪表修正后的输出功率	5060kW
功率因数（0.8）	0
空气冷却	0
修正后的输出功率	5060kW

第2类功率修正计算（根据修正曲线）

参数	变化量百分比	修正系数
主蒸汽压力	−0.58	0.994 2
主蒸汽温度	−0.44	0.995 6
抽汽压力	+0.52	1.005 2
排汽压力	+0.15	1.001 5

总修正系数=0.996 5

修正后的最大出力$=\dfrac{5060kW}{0.996\ 5}=5078kW$

（c）汽耗率试验

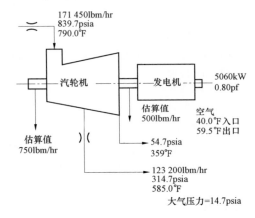

171 450lbm/hr
839.7psia
790.0℉

汽轮机 —— 发电机 —— 5060kW 0.80pf

估算值 500lbm/hr

空气 40.0℉入口 59.5℉出口

估算值 750lbm/hr

54.7psia 359℉

123 200lbm/hr 314.7psia 585.0℉

大气压力=14.7psia

设计参数：850psig，800℉，排汽压力为42psig。自动抽汽压力为310psig。

三相，周波为60Hz，12 500V，功率因数为0.80，5000kW。

主蒸汽喷嘴：850psig，800℉

抽汽孔板：310psig，500℉

主蒸汽流量修正到设计工况（根据制造厂基于流量和功率的修正曲线，而不是阀位）

主蒸汽流量（对喷嘴参数修正）	171 450lbm/hr
主蒸汽压力修正	−1000lbm/hr
主蒸气温度修正	−750lbm/hr
抽汽压力修正	+900lbm/hr
排汽压力修正	+250lbm/hr
主蒸汽流量（修正到设计状态）	=170 850lbm/hr（7749.3kg/h）

发电机输出功率：

仪表修正后的输出功率	5060kW
功率因数（0.8）	0kW
空气冷却	0kW

修正后的发电机输出功率	=5060kW

抽汽流量为123 200lbm/hr（55 880kg/h）时，

$$汽耗率=\frac{170\ 850}{5060}=33.8lbm/kWhr（15.3kg/kWh）$$

转化为汽轮机轴功率：

修正后的发电机输出功率	5060kW
发电机电气损失	191kW
机械损失	37kW
修正后的轴功率输出	=5288kW

当抽汽流量为123 200lbm/hr（55 880kg/h）时，得到：

$$汽耗率=\frac{170\ 850\times2544}{5288\times3412.142}=24.1lbm/hphr（14.7kg/kWh）$$

13 指示汽轮机热力性能变化趋势的特殊方法

13.1 简介

（a）作为本报告第7章～第12章推荐的试验方法的一个补充或替代的方法，一种间接测量汽轮机性能的方法常常被采用。因为这种方法要求准确地测量输入锅炉的热量，简化但能相对准确地确定锅炉损失，因此该方法仅推荐用于燃油机组，或最好是燃烧天然气的机组。下面所述的重复性是基于燃烧天然气的机组。当燃烧其它燃料时，为了获得同样的重复性，测量输入热量的不确定度应在±1.0%以内。

（b）根据试验目的，进入汽轮机的热量定义为在锅炉中汽水吸收的热量。这个热量的大小通过测量进入锅炉的总热量和由热损失方法获得的锅炉效率求得，即

$$锅炉效率=\frac{锅炉总吸热量-锅炉热损失}{锅炉总吸热量}$$

$$汽轮机循环的热耗率=\frac{锅炉汽水的吸热量}{发电机输出功率}$$
$$=\frac{锅炉总的吸热量-锅炉热损失}{发电机输出功率}$$
$$=\frac{锅炉总吸热量\times锅炉效率}{发电机输出功率}$$

根据汽轮机循环的配置情况，给水泵的驱动动力可以分为以下几种：

（1）由电动机来驱动。

（2）由汽轮机主机来驱动。

（3）由外来汽源供汽的小汽轮机来驱动。

（4）由本机供汽的小汽轮机来驱动。

对于采用上述（2）和（4）配置方式驱动给水泵的汽轮机循环时，计算出的汽轮机热耗率应反映热力循环内部用于驱动给水泵的能量。需要注意的是：进入热力循环的热量并没有考虑如锅炉输送泵或者射气器等设备的热量输入和输出。然而，这里的重点是与已知性能偏离趋势的可重复性指示。如果检测到性能变化趋势，需要做额外的单个部件试验以找出原因。

（c）在 ASME PTC 4.1—1964《蒸汽发生装置》中，列举了采用热损失方法计算锅炉效率时影响较大的各种损失和收益（参见 7.3）。当燃烧天然气或者燃油时，很多损失和收益不需要考虑，或者通过适当的运行调整可将其有效地消除。因此，本报告仅考虑以下损失和收益：

损失：

（1）干烟气。

（2）燃料中氢燃烧产生的水分。

（3）空气中的水分。

（4）表面辐射和对流。

收益：

（5）燃料中携带的热量。

（d）本试验方法的主要优点

（1）燃烧天然气或燃油的机组通常需要定期进行热量输入–电功率输出的试验，以确定机组特性，从而更好地进行负荷经济分配。本方法仅仅需要附加测量锅炉损失和很少的一些汽轮机侧的压力、温度，以确定汽轮机热耗率和锅炉效率。

（2）本试验方法用测量燃料量来取代传统热耗率试验要求的汽水流量测量。天然气或油的流量测量设备通常更容易拆卸下来进行检查、校验或更换。

（e）采用推荐的试验方案和所选择的仪表得到结果重复性在±0.65%之内。

（f）采用推荐的试验方法，若应用数据采集系统时，约需 2 名试验人员；若由人工记录数据时，需要 4 名试验人员。每种情况下都需要 1 名监督人员。如果希望测量额外的数据，以查明整个循环系统性能恶化的原因，则需要更多的试验人员。

13.2　仪表要求

测试的热力循环系统不同，试验要求的仪表会略有差别。这些差别主要源于第 2 类修正对测量仪表的要求。对于一次再热凝汽式汽轮机，需要测量的参数如下：

主蒸汽压力、温度；热再热蒸汽温度；低压缸排汽压力；发电机输出功率；燃料流量；燃料成分分析；烟气温度；烟气成分分析；环境干湿球温度。

对每一种类型的汽轮发电机组，应该按照第 4 章的建议选择测量仪表。对汽轮机热耗率有较大影响的测量，都需要采用精密级仪表。

（a）压力，参见 4.5。

（b）温度，参见 4.6。

（c）发电机输出功率，参见 4.2。

确定燃料量和锅炉损失所需要的试验仪表，宜按照 ASME PTC 4.1—1964《蒸汽发生装置》中的相关建议。

（d）燃料流量，参见 ASME PTC 4.1—1964 中的

4.06 和 4.09。对于燃油量，位移流量计是唯一满足本方法的试验目的和人员要求的测量仪表。对于天然气流量，推荐采用 ASME MFC–3M—1985 中的程序和方法。

（e）燃料成分分析，参见 ASME PTC 4.1—1964 中的 4.07、4.08、4.10 和 4.11。

（f）烟气温度，参见 ASME PTC 4.1—1964 中的 5.08。

（g）烟气成分分析，参见 ASME PTC 4.1—1964 中的 5.04～5.07。

（h）环境温度，参见 ASME PTC 4.1—1964 中的 5.20。

注：为了缩减本试验方法需要的试验人员和试验时间，有必要尽可能地简化烟气分析和温度测量。对烟气通道横截面的分析表明，取样数量的减少，可以得出一致的、准确的烟气分析结果和温度，速度的影响可以忽略不计。建议使用 ASME PTC 4.1—1964 中的 5.04 推荐的烟气成分取样装置。取样时，需要格外注意，以确保配制的混合样由各取样点等量取样得到的。

13.3　仪表安装位置

本方法所需的基本测点和仪表的布置，见图 13.1。

13.4　系统隔离程序

参见 3.2.1～3.2.7。

13.5　试验执行

（a）试验条件

（1）做好必要的安排，以确保燃料供应的稳定性和一致性。对燃油机组，需要从充分混合的容器来供应燃料。对天然气机组，要求试验期间不能改变燃料的来源，或者改变不同燃料来源的比率。

（2）检查锅炉的运行方式，以确保与不完全燃烧有关的所有损失能够得到消除。在试验即将开始之前，宜对燃烧器进行清洗，并检查合适的雾化效果。采用奥萨特烟气分析器来验证烟气中氧气的存在和一氧化碳的缺乏。

（3）检查系统隔离情况，参见 3.2.1～3.2.7。

（4）确定试验负荷，使汽轮机在已知的阀点下运行（参见 5.1），并使运行参数尽可能与设计工况接近，且在负荷限制控制模式下运行。机组宜切除自动负荷控制装置，以便尽可能不受系统干扰。

（5）允许机组有足够长的运行时间以达到稳定运行工况。至少宜稳定运行半小时。

（b）试验持续时间

本试验宜至少持续 2 小时。

（c）读数频率与一致性

（1）按照 4.8 要求，读数宜通过可靠的时间测量来保持同步。

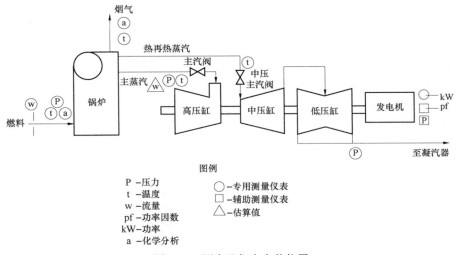

图例

P —压力　　　　　　　○—专用测量仪表
t —温度　　　　　　　□—辅助测量仪表
w —流量　　　　　　　△—估算值
pf—功率因数
kW—功率
a —化学分析

图 13.1　测点及仪表安装位置

（2）读数频率以得到具有代表性的平均值而定。与汽轮机和发电机直接相关的所有测量参数，宜按照 3.4.2 中的建议来确定读数频率。对燃料量和锅炉损失的测量，读数频率推荐如下：

测量参数	读数频率
气体燃料差压	2min
燃油流量（累计表）	10min
燃料压力、温度	2min
烟气分析（所有点）	10min
烟气温度（所有点）	10min
环境温度	10min

13.6　试验结果的计算

（a）数据准备和计算

应检查原始数据的一致性和可靠性。关于数据的整理和计算方法，参见 3.5。

（b）公式和算例

热耗率，单位为 Btu/kWhr，由 13.1（b）中的定义计算得到。算例见 13.8。

（c）热耗率和发电机输出功率修正系数

主蒸汽压力和温度、热再热蒸汽温度和排汽压力偏离设计值时，需对试验热耗率和输出功率进行修正，修正系数由制造厂提供的曲线得到。如有必要，修正曲线还可以通过试验来验证。

（d）数据图和试验分析

根据本方法得到的试验结果，其表述及解释宜与第 7～12 章所推荐的方法相同。对进行试验的汽轮机，参考合适的章节内容。

13.7　补充试验

为了给本次试验获得的热耗率变化趋势分析提供所需的信息，可能有必要进行补充试验，以查明性能变化的原因。补充试验可以与本试验一起执行，只

要增加一些仪表和试验人员，或者单独进行试验。补充试验内容详见第 7～12 章。对进行试验的汽轮机，参考合适的章节内容。

13.8　算例

试验结果

锅炉效率：锅炉效率的计算方法在 ASME PTC 4.1—1964 中有算例。在该标准的 1.11 中给出了简化试验的报告格式。根据本算例的目的，假定锅炉效率为 86.5%，燃料量为 2 628 300ft³/h。

测量参数	数据
燃料热值（HHV）	1 096Btu/ft³
发电机输出功率	327 862kW
功率因数	0.98
发电机氢压	45psig
主蒸汽压力	2392psig
主蒸汽温度	1002℉
热再热蒸汽温度	989℉
低压缸排汽压力	2.13in.Hg abs.

设计工况：

2400psig，1000℉/1000℉，排汽压力 1.5in.Hg abs.，功率因数为 0.85，氢压为 59psig。

$$未修正的热耗率 = \frac{2\,628\,300 \times 1096 \times 0.865}{327\,862}$$
$$= 7600\text{Btu/kWhr}$$

发电机损失（根据制造厂曲线）

在试验的输出功率和功率因数下的损失＝+3220kW

在试验的输出功率和规定功率因数下的损失＝−4160kW

氢压为 59psig 的损失（相对于氢压为 45psig 的损失）＝−244kW

未修正的发电机功率=327 862+3220–4160–244= 326 678kW

第 2 类修正系数（根据制造厂曲线）

测量参数	热耗率修正		输出功率修正	
	%	修正系数	%	修正系数
主蒸汽压力	+ 0.02	1.000 2	– 0.30	0.997 0
主蒸汽温度	– 0.02	0.999 8	– 0.04	0.999 6
再热蒸汽温度	+ 0.56	1.005 6	– 0.12	0.998 8
排汽压力	+ 0.72	1.007 2	– 0.71	0.992 9
总修正系数	—	1.012 8		0.988 3

$$修正后的热耗率 = \frac{7600 \times 327\ 862}{326\ 678 \times 1.012\ 8}$$
$$= 7531 Btu/kWhr$$

$$修正后的发电机功率 = \frac{326\ 678}{0.988\ 3} = 330\ 545kW$$

13.9　预期重复性的计算（参见 3.8.3）

（a）在 13.1 中所述的重复性数值是根据 13.2 所选仪表的不确定度数值推导得到。本节给出这些数值的推导过程，以便使用者了解获得重复性所需考虑的因素。

（b）试验重复性

（1）锅炉效率。对通过间接法或热损失法测定的锅炉效率，在 ASME PTC 4.1—1964 的 3.03.5 中，列举了测量误差及其对锅炉效率影响的适合数值。对上述标准的锅炉效率测试方法的不确定度分析表明，锅炉效率不确定度约为±0.5%。

（2）燃料量。主要基于采用该测量方法长期的经验，在估算总的试验重复性时，燃料量不确定度为±1.0%。

（3）燃料热值。根据 ASME PTC 4.1—1964 中的 3.03.5，估算热值的测量误差范围为±0.35%。

（4）电功率测量。表 13.1 给出了本方法推荐的功率测量仪表及其不确定度。假定在 2 小时内，功率测量表盘旋转了 100 圈，则：

功率测量不确定度=

$$\sqrt{(0.50)^2 + \left(\frac{0.10}{\sqrt{2}}\right)^2 + \left(\frac{0.20}{\sqrt{2}}\right)^2 + \left(\frac{100}{7200}\right)^2} = \pm0.52\%$$

表 13.1　功率测量仪表不确定度

测量仪表	描　　述	不确定度
电度表	带有机械记录器的三相电度表，试验前进行三相校验	±0.50%
电压互感器	在功率因数为 1 时，有典型校验曲线，已知负载的伏安特性和功率因数	±0.20%
电流互感器	有典型校验曲线，已知负载的伏安特性和功率因数	±0.10%

（5）热耗率修正系数。仪表不确定度对热耗率修正系数的影响因汽轮机而异。在 13.2 中推荐的汽轮机试验仪表的不确定度列于表 13.2。这些不确定度基于 ASME PTC 6 Report—1985《汽轮机性能试验测量不确定度评价导则》。对于算例中的再热式汽轮机，根据制造厂提供的修正曲线，可以得到这些不确定度对热耗率的影响，见表 13.2。

表 13.2　热耗率修正不确定度

测量参数	仪表不确定度	假定的不确定度范围	对热耗率修正计算的影响	修正系数不确定度，%	不确定度的平方
主蒸汽压力	0.25%	3000psi	0.084%/%	±0.026	0.000 7
主蒸汽温度	1.4℉[1]	…	0.012%/℉	±0.017	0.000 3
热再热蒸汽温度	1.4℉[1]	…	0.013%/℉	±0.018	0.000 3
排汽压力	0.05in.Hg	…	1.25%/in.Hg	±0.140	0.019 6
排汽压力网笼探头	0.10in.Hg	…	NA	NA	NA

热耗率修正不确定度为
$$\sqrt{(0.000\ 7)^2 + (0.000\ 3)^2 + (0.000\ 3)^2 + (0.019\ 6)^2}$$
$$= \sqrt{0.020\ 9} = \pm0.144\ 6\%$$

注 1：假定各个测量位置布置了两支热电偶

（6）修正后的热耗率不确定度为各个不确定度分量的平方和的平方根，即

$$\sqrt{(0.50)^2 + (1.00)^2 + (0.35)^2 + (0.52)^2 + (0.144\ 6)^2}$$
$$= \pm1.29\%$$

（7）根据 3.8.3 中的定义，重复性为不确定度的一半，即±0.65%。

附 录 A
系 统 修 正 曲 线

A1 化石燃料系统

对循环系统修正和蒸汽参数修正分别采用各自的修正曲线，将试验热耗率修正到设计循环系统和蒸汽参数下。图 A2～图 A7 的曲线是由 320MW 机组的实际热平衡计算得出。该机组有 7 个回热加热器（见

图 A1），蒸汽参数为 2400psig/1000℉/1000℉，绝对排汽压力为 2.5in.Hg。这些修正曲线是典型的一次再热机组修正曲线，适用于 600MW 以下的机组。然而，建议尽可能使用试验机组自身的特定修正曲线，而且每次的试验都使用相同的修正曲线。

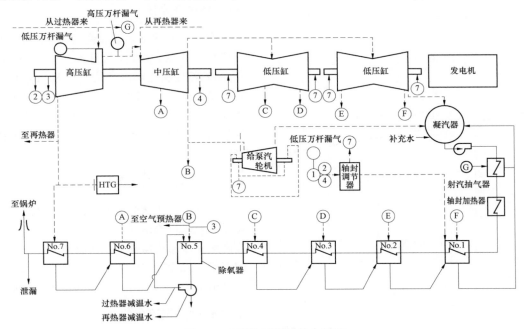

图 A1 典型化石燃料热力循环

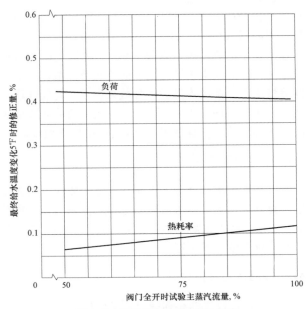

图 A2 最终给水温度修正曲线

注：（1）最终给水温度变化由最后一级加热器的端差和抽汽管段压损（与规定的热平衡设计）偏差引起。

（2）曲线仅适用于调门开度保持不变的情况。

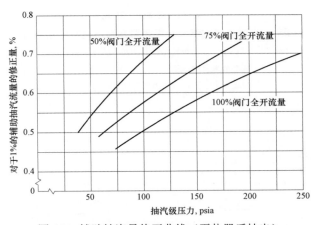

图 A3 辅助抽汽量修正曲线（再热器后抽出）

注：（1）辅助抽汽的凝结水返回凝汽器。辅助抽汽量的百分数是指它与主蒸汽流量的百分比。

（2）该修正同时适用于热耗率和电功率。

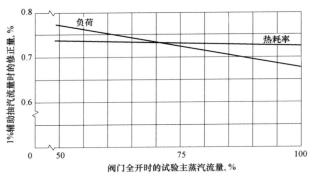

图 A4 辅助抽汽量修正曲线（抽汽从再热冷段抽出）

注：（1）辅助抽汽的凝结水返回凝汽器。

（2）辅助抽汽量的百分数是指它与主蒸汽流量的百分比。

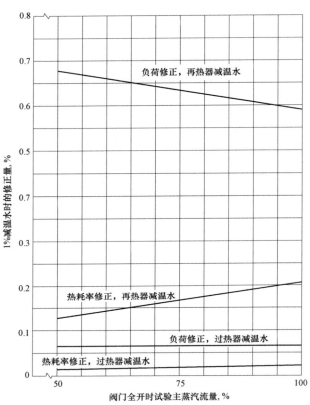

图 A5 过热器减温水和再热器减温水流量修正曲线

注：（1）减温水流量百分比是指和主蒸汽流量的百分比。

（2）减温水来自给水泵。

（3）修正适用于主、再热蒸汽温度保持不变。

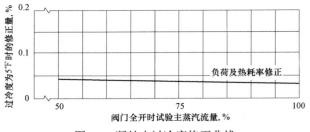

图 A6 凝结水过冷度修正曲线

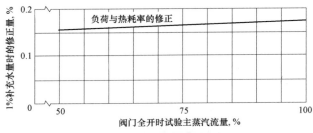

图 A7 凝汽器补充水修正曲线

注：（1）泄漏来自蒸汽发生器的主体部分。

（2）补水量百分比是指它与主蒸汽流量的百分比。

A2 核循环系统

有 6 个给水加热器和两级再热的 1000MWe 沸水反应堆（BWR）机组（见图 A8），修正曲线如图 A9～图 A12。汽轮机主蒸汽参数为 965psig，1191.5Btu/lbm，最终给水温度为 420℉。这些曲线通常适用于再热沸水反应堆系统。图 A9～图 A12 的曲线在阀点轨迹下进行绘制。相似的曲线可以适用于压水反应堆（PWR）系统。

A3 最终给水温度修正

图 A2 和图 A9 给出了最终给水温度变化时净热耗率和发电机输出功率的变化。这些曲线仅用于修正最高级高压加热器端差及一段抽汽管道压损与设计值的偏差。主蒸汽压力对该修正的影响很小，因此图 A2 也可用于主蒸汽压力为 1800psig 和 3500psig 的机组。

A4 辅助抽汽流量修正

试验辅助抽汽流量与设计值的偏差的影响，例如空气预热器的用汽，可以作为从再热器后抽出的流量，利用图 A3 和图 A10 计算出来。净热耗率和发电机输出功率的修正表示为每 1% 的辅助流量偏差所对应净热耗率和发电机输出功率的修正百分数，这里辅助流量用占主蒸汽流量的百分数来表示，并且修正曲线在应用时以抽汽压力为横坐标。如果辅助抽汽是从冷再热抽出的，则宜使用图 A4 对应的修正曲线。

A5 减温水流量修正

过热器和再热器减温水流量的修正曲线见图 A5。修正百分数表示减温水流量占主蒸汽流量 1% 时的影响。修正曲线以试验主蒸汽流量占阀门全开时主蒸汽流量的百分数为横坐标。

A6 凝结水过冷度修正

凝结水过冷度修正曲线见图 A6 和图 A11。该项修正基于热井出口凝结水温度的测量。热井与最低级压力加热器之间凝结水管路上的输入和输出热量，对热耗率没有明显影响，可以不予考虑。

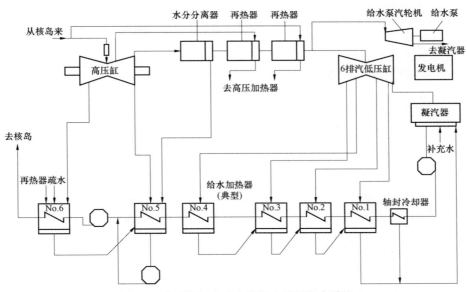

图 A8 典型的轻水反应堆核电循环热力系统

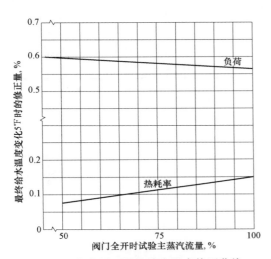

图 A9 核电循环最终给水温度修正曲线

注：（1）给水温度变化由最后一级加热器的端差和抽汽
　　　管段压损（与规定的热平衡设计）偏差引起。

（2）曲线仅适用于调门开度保持不变。

（3）对恒定热功率，用热耗率修正曲线数值来修正功率。

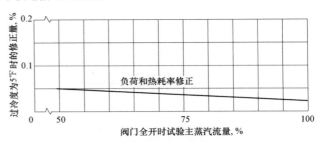

图 A11 核电循环凝结水过冷度修正曲线

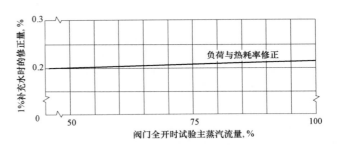

图 A12 核电循环补充水修正曲线

注：（1）泄漏来自蒸汽发生器的主体部分。

（2）补水量百分比是指它与主蒸汽流量的百分比。

A7　凝结水补水修正

试验宜在零补水的状态进行。然而，由于许多设计循环系统中包含有较多的补水，需要利用修正来与设计进行比较。修正曲线见图 A7 和图 A12。

A8　修正公式

修正到设计循环时使用修正曲线的计算公式见表 A1。

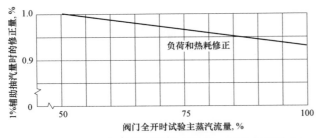

图 A10 核电循环辅助抽汽量修正曲线（再热器后抽出）

注：（1）辅助抽汽量的百分数是指它与主蒸汽流量的百分比。

（2）辅助抽汽的凝结水返回凝汽器。

表 A1 系统修正曲线应用公式

续表

端差修正–参见图 A2 和图 A9

　　修正后的热耗率=试验热耗率/A

　　修正后的发电机输出功率=试验发电机输出功率/A

式中：

$$A=1+\left[\frac{修正量的百分数}{100}\times\left(\frac{试验端差-设计端差}{5°F}\right)\right]$$

抽汽压损修正–参见图 A2 和图 A9

　　修正后的热耗率=试验热耗率/B

　　修正后的输出功率=试验输出功率/B

式中：

$$B=1+\left[\frac{修正量\%}{100}\times\left(\frac{t_{饱和}在(p_{试验}-\Delta p_{设计})下-t_{饱和}在(p_{试验}-\Delta p_{试验})下}{5°F}\right)\right]$$

辅助抽汽流量修正–参见图 A3、图 A4 和图 A10

　　修正后的热耗率=试验热耗率/(1+C)

　　修正后的输出功率=试验输出功率/(1−C)

式中：

$$C=\frac{修正量\%}{100}\times(试验时辅助抽汽量占比\%-设计时辅助抽汽量占比\%)$$

减温水流量修正–参见图 A5

　　修正后的热耗率=试验热耗率/D

　　修正后的输出功率=试验输出功率/D

式中：

$$D=1+\left(\frac{修正量\%}{100}\times减温水流量占比\%\right)$$

凝结水过冷度修正–参见图 A6 和图 A11

　　修正后的热耗率=试验热耗率/(1+E)

　　修正后的输出功率=试验输出功率/(1−E)

式中：

$$E=\frac{修正量\%}{100}\times\frac{过冷度°F}{5°F}$$

凝汽器补水量修正–参见图 A7 和图 A12

修正后的热耗率=试验热耗率/(1+F)

修正后的输出功率=试验输出功率/(1−F)

式中：

$$F=\frac{修正量\%}{100}\times(试验补水流量占比\%-设计补水流量占比\%)$$

其中，$t_{饱和}$=饱和温度，°F

$p_{试验}$=试验时抽汽口压力，Psi

$\Delta p_{设计}$=设计抽汽压损，Psi

$\Delta p_{试验}$=试验抽汽压损，Psi

附 录 B
参 考 文 献

ASME 性能试验规程–蒸汽轮机，PTC 6—1976（R1985）。

ASME 性能试验规程–汽轮机简化试验方法的暂行规程，PTC 6.1—1984。

ASME 性能试验规程–蒸汽轮机试验规程附录，PTC 6A—1982（R1988）。

ASME 性能试验规程–定义与数值，PTC 2—1980（R1985）。

ASME 性能试验规程–蒸汽发生装置，PTC 4.1—1964（R1985）。

ASME 性能试验规程补充–轴功率测量，PTC 19.7—1980。

ASME 性能试验规程补充–流体测量装置，第二部分。

ASME 性能试验规程补充–压力测量，PTC 19.2—1987。

ASME 性能试验规程补充–蒸汽的质量与纯度，PTC 19.6—1955。

ASME 性能试验规程补充–转速的测量，PTC 19.13—1961。

ASME 性能试验规程补充–功率回路的电气测量，PTC 19.6—1955。

ASME 性能试验规程补充–温度测量，PTC 19.3—1974（R1985）。

ASME 性能试验规程报告–汽轮机性能试验测量不确定度评价导则，PTC 6 Report—1985。

ASME 水蒸气性质表–蒸汽的热力学及传递特性，ASME—1967。

ASME 标准–管道内流体流量测量方法–采用孔板、喷嘴、文丘里管，MFC–3M—1985。

Bornstein，B.，Cotton，K.C.，"汽轮发电机组验收试验导则"，82–JPGC–PTC 3，OCT.1982。

Cotton，K.C.，Wescott，J.C.，"汽轮发电机组性能测试方法"，60–WA–139，NOV.1960。

美国机械工程师协会性能试验规程列表

PTC 1　总体说明　1986

PTC 2　定义与数值　1980（R1985）

PTC 3.1　柴油机和燃烧器的燃料　1958（R1985）

PTC 3.2　固体燃料　1954（R1984）

PTC 3.1　气态燃料　1969（R1985）

PTC 4.1　蒸汽发生器装置（带 1968 年和 1969 年附录）　1964（R1985）

蒸汽发生器试验图，图 1（Pad of 100）

蒸汽发生器热平衡计算，图 2（Pad of 100）

PTC 4.1a　ASME 简化效率试验表格–汇总表（Pad of 100）　1964

PTC 4.1b　ASME 简化效率试验表格–计算表（Pad of 100）　1964

PTC 4.2　磨煤机　1969（R1985）

PTC 4.3　空气预热器　1968（R1985）

PTC 4.4　燃气轮机余热锅炉　1981（R1987）

PTC 5　往复式蒸汽机　1949

PTC 6　蒸汽轮机　1976（R1982）

PTC 6A　蒸汽轮机试验规程–附录 A（带 1958 年附录）　1982

PTC 6 Report　汽轮机性能试验测量不确定度评价导则　1985

PTC 6S Report　汽轮机常规性能试验规程　1988

PTC 6.1　汽轮机简化试验方法的暂行规程 1984

PTC 6　用于汽轮机试验–释义　1977—1983

PTC 7　往复式蒸汽驱动活塞泵　1949（R1969）

PTC 7.1　活塞泵　1962（R1969）

PTC 8.2　离心泵（包括 1973 年附录）　1965

PTC 9　活塞压缩机、真空泵及鼓风机（带 1972 年勘误）　1970（R1985）

PTC 10　压缩机和排风机　1965（R1986）

PTC 11　风机　1984

PTC 12.1　闭合式给水加热器　1978（R1987）

PTC 12.2　蒸汽冷凝器　1983

PTC 12.3　除氧器　1977（R1984）

PTC 14　蒸发器　1970（R1985）

PTC 16　燃气产生器与连续燃气发生器　1958（R1985）

PTC 17　往复式内燃机　1973（R1985）

PTC 18　水力原动机　1949

PTC 18.1　泵/涡轮的抽运模式　1978（R1984）

PTC 19.1　测量不确定度　1985

PTC 19.2　压力测量　1987

PTC 19.3　温度测量　1974（R1986）

PTC 19.5　流体测量装置的第二部分，应用：仪器和设备的临时增补　1972

PTC 19.5.1　称重标度　1964

PTC 19.6　功率回路的电气测量　1955

PTC 19.7　轴功率的测量　1980

PTC 19.8　指示功率的测量　1970（R1985）

PTC 19.10　烟气与排气的分析　1981

PTC 19.11　电站循环中的蒸汽与水（纯度、质量、铅的探测与测量）　1970

PTC 19.12　时间的测量　1958

PTC 19.13　转速的测量　1961

PTC 19.14　长度的测量　1958

PTC 19.16　固体及液体的密度测定　1965

PTC 19.17　液体粘度测定　1965

PTC 19.22　数控系统技术　1986

PTC 19.23　模型测试的指导手册　1980（R1985）

PTC 20.1　汽轮发电机组转速与负荷调节系统 1977（R1988）

PTC 20.2　汽轮发电机组超速跳闸系统　1965（R1986）

PTC 20.3　汽轮发电机组压力控制系统　1970（R1979）

PTC 21　灰尘分离装置　1941

PTC 22　燃气轮机　1985

PTC 23　大气水分冷却设备　1986

PTC 23.1　喷淋冷却系统　1983

PTC 24　喷射器　1976（R1982）

PTC 25.3　安全阀和减压阀　1988

PTC 26　内燃发电机组调速系统　1962

PTC 28　细颗粒物特性的确定　1965（R1985）

PTC 29　水力涡轮发电机组调速系统　1965（R1985）

PTC 31　离子交换设备　1973（R1985）

PTC 32.1　核电蒸汽发生器　1969（R1985）

PTC 32.2　轻水反应堆核燃料的性能测试方法 1979（R1986）

PTC 33　大型焚烧炉　1978（R1985）

PTC 33a　PTC33—1978 的附录–ASME 简化焚烧炉效率试验表格（从 PTC33a—1980）1980（R1987）

PTC 36　工业噪声的测量　1985

PTC 38　气流中颗粒物的浓度测定　1980（R1985）

PTC 39.1　蒸汽系统的凝结水消除装置　1980（R1985）

PTC 42　风力透平　1988